David Rey

Minimisation des conflits aériens par des modulations de vitesse

David Rey

Minimisation des conflits aériens par des modulations de vitesse

Une approche mathématique pour augmenter la capacité de l'espace aérien

Presses Académiques Francophones

Impressum / Mentions légales
Bibliografische Information der Deutschen Nationalbibliothek: Die Deutsche Nationalbibliothek verzeichnet diese Publikation in der Deutschen Nationalbibliografie; detaillierte bibliografische Daten sind im Internet über http://dnb.d-nb.de abrufbar.
Alle in diesem Buch genannten Marken und Produktnamen unterliegen warenzeichen-, marken- oder patentrechtlichem Schutz bzw. sind Warenzeichen oder eingetragene Warenzeichen der jeweiligen Inhaber. Die Wiedergabe von Marken, Produktnamen, Gebrauchsnamen, Handelsnamen, Warenbezeichnungen u.s.w. in diesem Werk berechtigt auch ohne besondere Kennzeichnung nicht zu der Annahme, dass solche Namen im Sinne der Warenzeichen- und Markenschutzgesetzgebung als frei zu betrachten wären und daher von jedermann benutzt werden dürften.

Information bibliographique publiée par la Deutsche Nationalbibliothek: La Deutsche Nationalbibliothek inscrit cette publication à la Deutsche Nationalbibliografie; des données bibliographiques détaillées sont disponibles sur internet à l'adresse http://dnb.d-nb.de.
Toutes marques et noms de produits mentionnés dans ce livre demeurent sous la protection des marques, des marques déposées et des brevets, et sont des marques ou des marques déposées de leurs détenteurs respectifs. L'utilisation des marques, noms de produits, noms communs, noms commerciaux, descriptions de produits, etc, même sans qu'ils soient mentionnés de façon particulière dans ce livre ne signifie en aucune façon que ces noms peuvent être utilisés sans restriction à l'égard de la législation pour la protection des marques et des marques déposées et pourraient donc être utilisés par quiconque.

Coverbild / Photo de couverture: www.ingimage.com

Verlag / Editeur:
Presses Académiques Francophones
ist ein Imprint der / est une marque déposée de
AV Akademikerverlag GmbH & Co. KG
Heinrich-Böcking-Str. 6-8, 66121 Saarbrücken, Deutschland / Allemagne
Email: info@presses-academiques.com

Herstellung: siehe letzte Seite /
Impression: voir la dernière page
ISBN: 978-3-8381-7878-3

UNIVERSITÉ DE GRENOBLE

THÈSE

Pour obtenir le grade de

DOCTEUR DE L'UNIVERSITÉ DE GRENOBLE

Spécialité : **Mathématique et informatique**

Arrêté ministériel :

Présentée par

David Rey

Thèse dirigée par **Zoltan Szigeti, Christophe Rapine et Rémy Fondacci**

préparée au sein des **Laboratoires G-SCOP et LICIT**
et de **l'Ecole Doctorale MSTII**

Minimisation des conflits aériens par des modulations de vitesse

Thèse soutenue publiquement le **14 Décembre 2012**,
devant le jury composé de :

Philippe Averty
Spécialiste ATC chez Thales Air Systems, Examinateur
Nour-Eddin El Faouzi
Directeur du LICIT, Invité
Eric Feron
Professeur au Georgia Institute of Technology, Rapporteur
Rémy Fondacci
Ex-directeur du LICIT, Directeur de thèse
Aziz Moukrim
Professeur à l'Université Technologique de Compiègne, Rapporteur
Christophe Rapine
Professeur à l'Université de Lorraine, Directeur de thèse
Zoltan Szigeti
Professeur au laboratoire G-SCOP, Directeur de thèse

Remerciements

Nombreuses sont les personnes qui m'ont soutenues pendant ces trois années de thèse et je m'efforcerai de ne pas en oublier. Je tiens tout d'abord à remercier Christophe Rapine, directeur de thèse toujours présent dans cette aventure qui m'a véritablement guidé à travers l'univers de l'optimisation. Je me souviens avec plaisir de nos discussions, chaque fois plus intéressantes et plus enthousiastes que les précédentes, qui ont forgé une relation professionnelle (et amicale) durable. Je souhaiterai également remercier Rémy Fondacci, ancien directeur du LICIT qui est à l'origine du sujet de cette thèse et qui malgré des conditions d'encadrement difficiles a su être présent quand il le fallait. Je ne saurai remercier suffisamment Nour-Eddin El Faouzi, actuel directeur du LICIT, pour son soutien inconditionnel tout au long de mon doctorat et pour les nombreuses discussions enrichissantes que nous avons eues. Je voudrais remercier tout particulièrement Zoltan Szigeti qui a très aimablement accepté de superviser mon travail et m'a permis de conserver un lien fort avec le laboratoire G-SCOP. Enfin, je tiens à remercier MM Philippe Averty, Aziz Moukrim et Eric Feron pour tout l'intérêt qu'ils ont porté à mes travaux de thèse et pour leur présence, fortement appréciée, le jour de ma soutenance. Parmi les personnes que j'ai rencontrées au cours de mon doctorat, certaines ont joué un rôle déterminant. C'est le cas de Romain Billot, encore thésard à mon arrivée au LICIT, qui au delà de son amitié, m'a fait bénéficier de toute son expérience en tant que jeune docteur, et sans qui je n'aurai pas été si serein le jour J. Damien Prot en m'initiant au simulateur de trafic aérien du LICIT m'a fait gagné un temps considérable. Julien Monteil, avec qui j'ai partagé mon bureau pendant quelques années m'a supporté sans (trop) protester et m'a apporté un soutien unique (probablement sans s'en rendre compte). Matthieu Canaud, qui a toujours généreusement partagé ses connaissances en statistiques. Au delà des frontières de l'IFSTTAR, je tiens à remercier Sonia Cafieri pour son incommensurable soutien et pour la pertinence de ses conseils en matière d'optimisation non linéaire, ainsi que les autres membres de l'ENAC qui m'ont toujours ouvert la porte. Enfin, je remercie également tous les membres des laboratoires LICIT et G-SCOP avec qui j'ai eu l'opportunité de discuter de mes travaux, ainsi que le personnel administratif. Je tiens à remercier Thomas Lewiner, mon ancien professeur, car sans lui je n'en serais pas là aujourd'hui. Et je n'oublierai pas mes parents, mon frère, ma sœur et le reste de ma famille, sur qui je peux toujours compter ; ainsi que mes amis. Je terminerai par Rachel, pour tout.

Into the distance, a ribbon of black
Stretched to the point of no turning back
Flight of fancy on a windswept field
Standing alone my senses reel
Fatal attraction that's holding me fast,
How can I escape this irresistible grasp?
Can't keep my eyes from the circling skies
Tongue-tied and twisted; just an earth-bound misfit, I
Ice is forming on the tips of my wings
Unheeded warnings, I thought I thought of everything
No navigator to find my way home
Unladen, empty, and turned to stone
A soul in tension that's learning to fly
Condition grounded determined to try
Can't keep my eyes from the circling skies
Tongue-tied and twisted; just an earth-bound misfit, I

Above the planet on a wing and a prayer,
My grubby halo, a vapour trail in the empty air,
Across the clouds I see my shadow fly
Out of the corner of my watering eye
A dream unthreatened by the morning light
Could blow this soul right through the roof of the night
There's no sensation to compare with this
Suspended animation, a state of bliss
Can't keep my mind from the circling skies
Tongue-tied and twisted just an earth-bound misfit, I

Learning to fly, PINK FLOYD

Table des matières

Introduction

Le transport aérien a subi un tel développement au cours du siècle dernier qu'il fait aujourd'hui partie intégrante de notre mode de vie. Parallèlement à l'essor du transport aérien, la gestion du trafic aérien s'est progressivement imposée comme un domaine d'activité indispensable au bon fonctionnement du réseau aérien. Du point de vue opérationnel cependant, les méthodes employées pour réguler les flux de trafic n'ont que très faiblement évoluées depuis leur mise en œuvre. Le nombre de vols augmente actuellement à raison de 3% par an en Europe [1] et une croissance similaire est observée aux Etats-Unis d'Amérique [2]. Ces prévisions sur la croissance du trafic aérien suggèrent que le volume total de trafic est susceptible de doubler d'ici une vingtaine d'années. Afin de pouvoir répondre aux besoins futurs en matière de transport aérien, il est nécessaire d'augmenter la capacité de l'espace aérien. Dans le but d'améliorer et d'harmoniser la gestion du trafic aérien à l'échelle européenne, le projet SESAR (*Single European Sky Air traffic management Research*) a été lancé en 2004 par l'organisation Eurocontrol et la Comission Européenne [3]. Parallèlement, le projet NextGen (*Next Generation Air Transportation System*) de la FAA (*Federal Aviation Administration*) a vu le jour outre-Atlantique [4]. Les projets SESAR et NextGen visent principalement à moderniser l'infrastructure de la gestion du trafic aérien en se focalisant sur trois objectifs : réduire les retards des vols, réduire l'impact environnemental du trafic aérien et augmenter la capacité de l'espace aérien tout en maintenant un haut niveau de sécurité. Cette thèse s'inscrit dans cet axe de recherche en proposant un modèle pour traiter le problème de la capacité de l'espace aérien.

Dans le système actuel de contrôle du trafic aérien, les contrôleurs aériens occupent une place centrale et sont responsables de la sécurité des vols tout au long de leur trajet [5]. La demande en termes de trafic aérien étant souvent supérieure à l'offre, les contrôleurs aériens doivent quotidiennement faire face à des situations conflictuelles, appelées simplement conflits, lors desquelles deux vols risquent de violer les normes de séparation en vigueur si aucune modification de trajectoire n'est entreprise. La détection et la résolution des conflits peut avoir un impact significatif sur la qualité de l'écoulement du trafic, notamment en augmentant la charge de travail des contrôleurs et en induisant *a posteriori* un retard pour les vols. Aujourd'hui, le lien entre l'augmentation de la charge de travail des contrôleurs aériens et la réduction de la capacité de l'espace aérien est clairement établi [6]. Nous proposons d'aborder le problème de la capacité de l'espace aérien *via* un modèle de régulation du trafic destiné à réduire les conflits aériens, tout en tenant compte de la charge de travail des contrôleurs aériens. L'approche que nous avons retenue pour réduire les conflits s'appuie sur les conclusions du projet ERASMUS (*En-Route Air traffic Soft Management Ultimate System*) portant sur la régulation de vitesse subliminale [7]. La régulation de vitesse subliminale consiste à modifier légèrement les vitesses des appareils de façon à ne pas perturber les contrôleurs aériens dans leur tâche. Dans le cadre du projet ERASMUS, deux intervalles de modulation de vitesse subliminaux ont été retenus : un premier correspondant à une "faible" régulation de -6% à $+3\%$ de la vitesse de croisière des vols et un second correspondant à une "forte" régulation de -12% à $+6\%$ de la vitesse de croisière des vols. Avec de tels intervalles de modulations de vitesse dont les conséquences sont quasiment imperceptibles par les contrôleurs aériens, les trajectoires 4D des vols peuvent être modifiées pour minimiser les conflits potentiels et faciliter ainsi l'écoulement du trafic dans le réseau aérien. De façon générale, la modulation de la vitesse des vols est un moyen *a priori* efficace pour résoudre un conflit car ce type de manoeuvre d'évitement ne requiert pas une grande modification de la trajectoire des vols et permet donc de limiter les conséquences d'une telle politique de régulation sur le trafic aérien. La méthode retenue dans notre travail pour mettre en oeuvre ce type de régulation est l'optimisation sous contrainte. La nature du problème d'optimisation sousjacent étant combinatoire, nous proposons dans cette thèse de le formuler par un PLNE (Programme Linéaire en Nombres Entiers).

Notre approche pour minimiser les conflits aériens peut être décomposée en deux étapes : la détection des conflits potentiels et leur réduction. En supposant que les trajectoires des vols soient connues, la détection et la réduction des conflits potentiels peuvent s'effectuer de façon déterministe. En pratique cependant, les trajectoires des vols sont sujettes à de multiples sources d'incertitude propres à la gestion du trafic aérien. La météorologie, le pilotage des aéronefs et les services de contrôle du trafic sont les principales sources de l'incertitude sur la position des vols [8], [9]. Bien que depuis plusieurs années il soit possible de déterminer avec précision la position d'un aéronef à l'instant présent [10], il est beaucoup plus difficile de prévoir précisément sa future position. L'incertitude sur la future position des vols peut être perçue comme une incertitude sur la vitesse des vols, de telle sorte que plus la prévision est lointaine dans le temps, plus l'incertitude sur la position des vols est grande. L'incertitude sur la vitesse de croisière des vols est aujourd'hui estimée à $\pm 5\%$ [11] ; par conséquent la détection et la réduction des conflits potentiels, qui s'appuient sur la prévision de trajectoire des vols, sont directement concernées par cette incertitude et obligent à considérer un horizon d'anticipation relativement court (quelques dizaines de minutes) pour identifier les conflits potentiels et réduire les conflits. *A contrario*, en se cantonnant à de faibles ajustements de vitesse, la régulation subliminale requiert un horizon d'anticipation suffisament grand pour que les trajectoires 4D des vols soient sensiblement affectées, ce qui est diamétralement opposé à l'influence de l'incertitude sur la prévision de trajectoire. La régulation des flux de trafic aérien via des modulations de vitesse s'apparente donc à un problème d'optimisation sous incertitude qui soulève les questions suivantes :

- Est-ce que la régulation de vitesse, restreinte à de faibles modulations et sur un horizon court, permet de réduire significativement les conflits ?
- Existe-il une formulation efficace - compatible avec les contraintes opérationnelles de la gestion du trafic aérien - pour le problème de la minimisation des conflits *via* la régulation de vitesse ?
- La régulation de vitesse subliminale est-elle robuste face à l'incertitude en prévision de trajectoire ? Les intervalles de régulation de vitesse subliminaux suggérés par le projet ERASMUS sont du même ordre de grandeur que l'incertitude sur la vitesse des vols ; dans ce contexte, il est possible que l'action sur la vitesse des vols soit contrecarrer par les aléas du trafic aérien.
- Quel est l'impact de la régulation de vitesse subliminale sur l'écoulement du trafic aérien ? Si la réduction des conflits est l'objectif de notre modèle, il est important de considérer des indicateurs propre à la gestion du trafic aérien. Parmi ces indicateurs, nous proposons d'observer le retard induit, la consommation de carburant et le nombre de manoeuvres pour réduire les conflits générées pour caractériser l'impact de notre modèle sur les flux de trafic aérien.

La thèse est organisée comme suit. Le chapitre 1 décrit le système actuel de gestion du trafic aérien, ses limites et les méthodes de détection et résolution de conflit utilisées par les contrôleurs aériens. Un état de l'art regroupe les approches mathématiques développées dans le but d'améliorer la gestion du trafic aérien et place cette thèse par rapport à ces travaux.

Le chapitre 2 présente dans un premiers temps les contraintes sur la vitesse des vols imposées par les caractéristiques aérodynamiques des aéronefs, ainsi que par la régulation de vitesse subliminale. Le problème d'optimisation et la modélisation mathématique retenue pour traiter les conflits en considérant uniquement deux avions sont ensuite détaillés. Le modèle obtenu est un PNL (Programme Non-Linéaire) adapté à la résolution par des méthodes de programmation mathématique.

Le chapitre 3 est consacré à l'extension du modèle obtenu au chapitre précédent à l'ensemble du réseau aérien. L'objectif de cette démarche est de développer un modèle capable de détecter et de réduire les conflits potentiels dans un réseau aérien. Cette étude est divisé en deux parties : dans un premier temps, le réseau aérien considéré est formalisé en termes mathématiques et un algorithme pour détecter les conflits potentiels est introduit. Dans un second temps, nous proposons de reformuler le modèle développé au chapitre précédent comme un PLNE. Cette étape est primordiale pour que le modèle final puisse être résolu efficacement sur de grandes instances par des solveurs commerciaux.

Dans les chapitres 2 et 3, nous avons développé une approche déterministe, sans considérer l'incertitude en prévision de trajectoire. Le chapitre 4 se propose de combler ce manque en considérant des conditions de trafic réalistes, c'est-à-dire tenant compte de l'incertitude intrinsèque à la gestion du trafic aérien. Ce chapitre s'attache également à définir un environnement de validation pour évaluer les performances de notre modèle. En premier lieu, nous introduisons un modèle d'incertitude destiné à représenter l'impact de l'incertitude en prévision de trajectoire sur le traitement des conflits potentiels. A travers cette étude nous introduisons un système de régulation basé sur le principe de la boucle à horizon glissant afin d'obtenir un modèle capable de fournir des solutions robustes de façon à pouvoir réguler périodiquement le trafic. Un outil de simulation du trafic aérien capable de rejouer des plans de vols réels est ensuite présenté. Cet outil nous permet de tester notre modèle sur des instances de trafic réalistes et constitue notre environnement de validation.

Le chapitre 5 présente le protocole expérimental retenu pour mesurer les performances de notre modèle et présente les résultats obtenus. Dans un premier temps, les paramètres du modèle sont calibrés sur une instance de taille modérée. Le modèle est ensuite testé sur une instance de grande taille correspondant à une journée entière de trafic au dessus de l'espace aérien européen. La performance du modèle est mesurée en comparant les résultats obtenus pour des simulations réalisées avec différentes valeurs des paramètres du modèle, avec une simulation de référence où aucune régulation de trafic n'est mise en oeuvre. Les résultats sont ensuite analysés à la lumière de différents indicateurs clés de la gestion du trafic aérien tel que le nombre de consignes de régulation de vitesse, le retard total, la consommation de carburant et le nombre de conflits résolus. Les principaux résultats de cette thèse sont synthétisés dans le dernier chapitre, où des perspectives sont également présentés.

Cette thèse a fait l'objet de plusieurs publications et présentations, récapitulées ci-après.

Publications dans des journaux internationaux

- D. Rey, C. Rapine, R. Fondacci, N.-E. El Faouzi. Speed Regulation in Air Traffic Management : Optimization and Simulation. *Transportation Science* - soumis.
- D. Rey, C. Rapine, R. Fondacci, N.-E. El Faouzi. Potential Air Conflicts Minimization through Speed Regulation. *Transportation Research Record : Journal of the Transportation Research Board*, No. 2300, Transportation Research Board of the National Academies, Washington, D.C., 2012, pp. 59–67. DOI : 10.3141/2300-07.

Présentations dans des conférences internationales

- D. Rey, C. Rapine, R. Fondacci, N.-E. El Faouzi. Conflict Resolution by Speed Control. *25th European Conference on Operational Research (EURO)*, Vilnius, Lituanie, 2012.
- D. Rey, C. Rapine, R. Fondacci, N.-E. El Faouzi. Assessing the Impact of a Speed Regulation based Conflict Resolution Algorithm on Air Traffic Flow. *5th International Conference on Research in Air Transportation (ICRAT)*, Berkeley, USA, 2012.
- D. Rey, C. Rapine, R. Fondacci, N.-E. El Faouzi. Potential Air Conflicts Minimization through Speed Regulation. *91th Annual Meeting of Transportation Research Board (TRB)*, Washington D.C., USA, 2012.
- D. Rey, C. Rapine, R. Fondacci, Z. Szigeti. A MIP for Potential Conflict Minimization by Speed Regulation. *24th European Conference on Operational Research (EURO)*, Lisbonne, Portugal, 2010.
- D. Rey, C. Rapine, R. Fondacci. A Mixed Integer Linear Model for Potential Conflict Minimization by Speed Modulations. *4th International Conference on Research in Air Transportation (ICRAT)*, Budapest, Hongrie, 2010.

Présentations dans des conférences nationales

- D. Rey, C. Rapine, R. Fondacci. Minimisation des Conflits Aériens : Régulation de Vitesse *versus* Incertitude en Prévision de Trajectoire. *13ème Congrès annuel de la ROADEF*, Angers, France, 2012.
- D. Rey, C. Rapine, R. Fondacci, Z. Szigeti. Modélisation de l'Incertitude des Conflits Aériens dans la Régulation de Vitesse. *12ème Congrès annuel de la ROADEF*, Saint-Etienne, France, 2011.

Chapitre 1

La gestion des flux aériens

l'objectif de ce chapitre est de présenter les méthodes de la gestion du trafic aérien et de placer cette thèse dans ce contexte. Dans une première partie 1.1, un bref historique récapitule l'évolution des règles de la circulation aérienne depuis son apparition et nous conduit à détailler le rôle des contrôleurs aériens, qui occupent une place centrale dans la gestion en temps réel du trafic aérien. Le problème de la capacité aérienne est ensuite détaillé et les principales méthodes de régulation du trafic décrites, exposant ainsi le contexte opérationnel de ce travail. Dans une seconde partie 1.2, nous présentons un état de l'art des travaux existants dans notre domaine d'étude. Cet état de l'art est décomposé en trois catégories, se rapprochant progressivement du sujet traité dans cette thèse. Dans un premier temps, les principales approches mathématiques développées dans le cadre de la gestion du trafic aérien sont décrites. Les travaux portant sur la résolution des conflits aériens sont ensuite présentés ; un état de l'art spécifique aux modèles basés sur la régulation de la vitesse des vols clôt ce chapitre.

1.1 La circulation aérienne

1.1.1 Historique

A la fin du XIXème siècle, lors des débuts de l'aéronautique, les pilotes respectaient uniquement un code de navigation qui leur permettait de s'éviter lorsque deux avions se rapprochaient dangereusement. Avant la mise en place des règles de circulation aérienne, la navigation aérienne ne s'effectuait qu'à vue et lorsque les conditions de vol le permettaient, c'est-à-dire par beau temps. Ce n'est qu'à la suite d'une première collision entre deux avions en vol, qui eu lieu en 1910 à Vienne, que la communauté aéronautique européenne décida de mettre en place des règles de navigation plus rigoureuses. L'ICAN (*International Commission for Air Navigation*) fut créée en 1919 par dix-neuf états européens avec l'objectif d'établir les règles de l'air [12]. Le contrôle de la circulation aérienne n'a cependant fait son apparition qu'après la seconde guerre mondiale, qui a joué un rôle majeur dans le développement de l'industrie aéronautique. A l'aube de celle-ci, on dénombrait environ 300 aéronefs actifs aux Etats-Unis. A l'issue de la guerre, la production annuelle américaine est estimée à 50,000 appareils par an.

Alors que la production de masse s'effectue aux Etats-Unis, la seconde guerre mondiale a également marqué le développement des technologies nécessaires pour coordonner ces vols. En permettant au navigateur de connaître sa position au dessus du sol, les radars connaissent un formidable essor et font leur apparition en Europe. Dans l'histoire de la circulation aérienne, l'arrivée des radars symbolise aussi l'évolution du vol à vue régit par les règles VFR (*Visual Flight Rules*) vers le vol aux instruments qui se conforme aux règles IFR (*Instrumental Flight Rules*). La navigation à vue s'avère rapidement contraignante et les premiers équipements de navigation (mis en oeuvre vers 1930) sont destinés à faciliter l'atterrissage dans des conditions météorologiques dégradées. Dans la deuxième moitié du XXème siècle, la radionavigation devient un standard en terme de circulation aérienne et s'appuie largement sur les VOR (*Very High Frequency Omnidirectional Range*), qui permettent aux aéronefs de se diriger vers un point radiobalisé.

En 1947, l'ICAN devient l'OACI (Organisation de l'Aviation Civile Internationale), une agence appartenant à l'ONU (Organisation des Nations

Unies) créée par 55 pays. L'OACI est aujourd'hui composée des 191 pays membres de l'ONU et s'efforce de définir les normes du transport aérien international. A l'échelle européenne, l'organisation intergouvernementale Eurocontrol est fondée en 1963 dans le but d'harmoniser la gestion de la navigation aérienne en Europe. Eurocontrol deviendra progressivement un acteur majeur de la gestion du trafic aérien européen, avec notamment la création du CFMU (*Central Flow Management Unit*), une unité de gestion et d'optimisation des flux aériens, en 1996. L'un des objectifs de la CFMU est de réguler le trafic dans l'espace aérien afin de se prémunir contre les surcharges dans les secteurs de contrôle. L'évolution du nombre de mouvements aériens en Europe amène à près de sept millions le nombre de vols IFR par an à cette date. Aujourd'hui, le nombre de vols en Europe par an est estimé à environ dix millions ; avec une croissance annuelle estimée entre 3% et 5%, la gestion de la croissance du trafic aérien est un défi de taille important [1].

1.1.2 Le rôle des contrôleurs aériens

Avec l'apparition du contrôle aérien, les contrôleurs deviennent les acteurs de la gestion en temps-réel du trafic. Le rôle d'un contrôleur aérien est d'assurer la sécurité des vols qui lui sont confiés. L'augmentation de la densité du trafic a engendré le découpage de l'espace aérien en secteurs, auxquels sont ensuite affectés un ou plusieurs contrôleurs aériens. Avec les moyens de radionavigation actuellement disponibles et grâce à l'amélioration des outils d'aide à la décision pour les contrôleurs aériens, ces derniers sont aujourd'hui capables de surveiller et gérer des dizaines de vols simultanément. Ainsi, la principale tâche des contrôleurs aériens est de prévenir toute collision en donnant des clairances aux pilotes. Les clairances sont des instructions de modification de trajectoire (reroutement), que les pilotes sont potentiellement libres de suivre ou non. En pratique cependant, mis à part les problèmes liés à la qualité des communications radiotéléphoniques, les pilotes respectent très globalement ces instructions. Le contrôle aérien a joué un rôle primordial dans l'organisation de la circulation aérienne. Afin de pouvoir contrôler les trajectoires des vols en temps réel, il est nécessaire que les vols respectent des routes précises, préalablement décidées avec les acteurs du contrôle aérien. Ces routes qui sont l'un des éléments des plans de vols, sont constituées d'une liste de balises au-dessus desquelles les vols sont censés survoler. Aujourd'hui les plans de vols sont déposés plusieurs mois à l'avance par les compagnies aériennes.

L'apparition des plans de vols dans la gestion du trafic aérien à l'échelle nationale puis européenne, a permis de planifier et de gérer plus efficacement la répartition des vols à court terme - la veille des vols concernés. Cependant, la création de routes aériennes a eu aussi pour conséquence de concentrer les vols dans des zones plus confinées de l'espace aérien, multipliant ainsi les risques de collision. L'évolution de la technologie aéronautique a aussi joué un rôle important en augmentant continuellement les vitesses maximales des aéronefs, si bien qu'aujourd'hui il est indispensable pour les avions de respecter entre eux des distances de sécurité, de la même façon qu'il existe depuis plusieurs années des bandes de séparation sur le bas-côté des autoroutes. Pour s'assurer que les vols respectent des distances de sécurité entre eux, l'OACI a mis au point en 1996 des normes de séparation destinées à devenir un standard en terme de sécurité aérienne [13]. L'OACI définit pour chaque aéronef une zone de sécurité dans laquelle aucun autre aéronef ne doit pénétrer. La zone de sécurité est assimilable à un cylindre centré sur chaque aéronef, avec un rayon de 5 miles nautiques (NM)[1] et une hauteur de 1,000 pieds (ft) (voir figure 1.1). Dans la littérature de la gestion du trafic aérien, deux vols sont dits en *conflit* si leurs cylindres de sécurité s'intersectionnent, ce qui correspond à une perte de séparation. Notons que la zone de sécurité est largement plus développée horizontalement que verticalement. En effet, bien que les aéronefs évoluent dans un espace tridimensionnel, l'espace aérien peut être observé par strates. Cela est dû au fait que les aéronefs volent préférentiellement à altitude constante. La sphère terrestre peut être localement représentée par approximation par une surface plane. Ainsi, par abus de language, nous utilisons des plans euclidiens pour désigner les espaces dans lesquels des vols suffisamment proches évoluent. Les vols civils peuvent se décomposer en trois phases distinctes : la montée, la croisière et la descente. Parmi ces trois phases de vol, afin de minimiser la consommation de carburant et pour des raisons intuitives de confort, la croisière est généralement la plus longue. La phase de croisière se déroule généralement à altitude constante et à une vitesse optimale (en terme de consommation de carburant) ou maximale. Afin de faciliter la gestion des flux de trafic, l'ICAO s'est efforcée de discrétiser verticalement l'espace aérien en niveaux de vols. Ces niveaux sont aujourd'hui quasiment tous séparés de 1,000 pieds (certaines zones peu couvertes de l'espace aérien international utilisent des niveaux vols séparés de 2,000 pieds), permettant ainsi d'organiser les flux de trafic par couches horizontales.

---

1. 1 NM = 1.852 km ; 1 ft = 0.3048 m

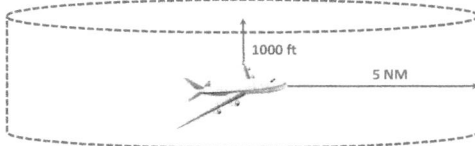

FIGURE 1.1 – Les normes de séparation

La régulation du trafic aérien s'effectue par ailleurs à plusieurs échelles, cinq filtres de régulation sont généralement distingués (voir figure 1.2) [14]. Le filtre stratégique s'applique à la gestion de l'espace aérien proprement dit et s'interesse aux prévisions de trafic avec un horizon de l'ordre de l'année. Le filtre pré-tactique vise notamment à prévenir les surcharges sectorielles et travaille la veille des vols programmés ; en Europe il est coordonné par le CFMU. Avec un horizon nettement plus réduit, de une à deux heures avant le décollage, le filtre tactique permet de réguler les flux de trafic en tenant compte des conditions météorologiques et des retards au décollage. La régulation en temps réel du trafic est comme nous l'avons vu, effectuée par les contrôleurs aériens qui s'attachent prioritairement à assurer la sécurité des vols et ensuite à optimiser les flux de trafic. Pour faire face à la future demande en termes de trafic aérien, nous nous placerons dans le cadre d'un filtre court terme avec un horizon très réduit (environ 30 minutes avant un évènement tel qu'un conflit potentiel) destiné à fluidifier l'écoulement du trafic et assister les contrôleurs dans leur exercice. Les méthodes de gestion et de contrôle actuellement utilisées par les services de la navigation aérienne en Europe ainsi qu'aux Etats-Unis sont fréquemment mises à l'épreuve par la densité des flux de trafic. En 2009, la part de retard en route imputable aux services de contrôle du trafic aérien en Europe est estimée à 83% ; en comparaison la météorologie est tenue responsable pour 11% de ce retard [1]. Un des problèmes sous-jacents est le problème de la capacité de l'espace aérien.

1.1.3 Le problème de la capacité de l'espace aérien

La capacité de l'espace aérien peut être définie comme le nombre maximal de vols pouvant évoluer simultanément dans un espace donné. Les prévisions de l'évolution du volume de trafic suggèrent que d'ici quinze à vingt ans le nombre de vols dans l'espace aérien européen aura doublé. Les contrôleurs aériens, se trouvant au coeur de la gestion de la circulation aérienne, sont

17

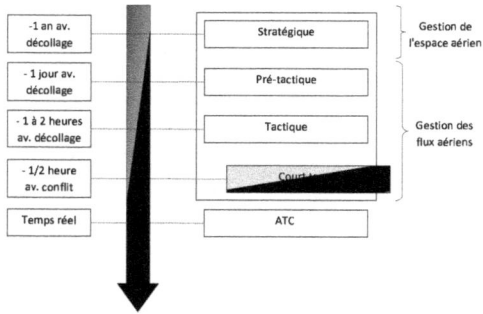

FIGURE 1.2 – Les filtres de régulation du trafic aérien

directement concernés par ces prévisions. En effet, nous pouvons considérer que la capacité de l'espace aérien dépend de la capacité des contrôleurs à gérer simultanément un grand nombre de vols. D'un point de vue pratique, lorsqu'un contrôleur n'est pas en mesure de gérer l'ensemble des vols qui lui sont confiés, le contrôleur est dit en surcharge de travail. Une surcharge potentielle se concrétise par des reroutements vers d'autres secteurs aériens (moins chargés) et par conséquent induit du retard : c'est le problème de la capacité de l'espace aérien. De plus, en cas de forte saturation de l'espace aérien, les vols peuvent être retardés au décollage, générant une autre forme de retard : l'attente au sol. Evaluer la charge de travail des contrôleurs aériens est une tâche difficile car elle est liée à la mesure de l'activité cognitive des contrôleurs. Au cours de ces dernières années, de nombreux travaux ont visé à quantifier la complexité du trafic aérien et à construire des modèles de perception afin de mieux appréhender les fluctuations de leur charge de travail [15], [16]. En 2004, la Commission Européenne et Eurocontrol ont crée le projet SESAR (*Single European Sky Air traffic management Research*) [3], autour de trois objectifs :

- augmenter la capacité de l'espace aérien tout en maintenant un haut niveau de sécurité,

- réduire le retard global,

- réduire l'impact des vols sur l'environnement.

Simultanément, la FAA (*Federal Aviation Administration*) a lancé outre-Atlantique le programme NextGen (*Next Generation Air Transportation System*) qui partage des objectifs similaires à SESAR, définissant ainsi les axes de la recherche dans la gestion du trafic aérien pour ces prochaines décennies.

Dans cette thèse nous proposons de traiter le problème de la capacité de l'espace aérien *via* une approche mathématique. En nous appuyant sur les axes de recherche mis en place dans les programmes SESAR et NextGen, nous présenterons des outils d'aide à la décision pour réguler la charge de travail des contrôleurs aériens. Plus précisément, notre objectif est de définir les fondements méthodologiques d'un outil pour la résolution des conflits aériens. Pour ce faire, il est primordial d'introduire les méthodes de résolution de conflits actuellement utilisées par les contrôleurs aériens.

1.1.4 Les méthodes de résolution de conflits

Pour surveiller le trafic, les contrôleurs aériens disposent généralement d'un écran radar affichant l'ensemble des vols présents dans leur secteur ainsi que ceux qui sont à même d'y entrer dans un futur proche. La majorité des informations sont donc regroupées sur une interface interactive 2D, sur laquelle le contrôleur s'appuie pour anticiper et résoudre les conflits potentiels entre les aéronefs. Une grande partie du travail du contrôleur consiste donc à évaluer mentalement les différents scénarios possibles pour prendre les décisions adéquates afin de garantir la sécurité des vols. Avec l'augmentation du volume du trafic, la charge de travail potentielle des contrôleurs est susceptible d'augmenter. Ainsi une part considérable de la recherche dans la gestion du trafic aérien s'attache à proposer des solutions afin de faciliter leur tâche, ces méthodes sont connues sous le nom de *détection et résolution de conflits aériens*. La détection et la résolution des conflits potentiels font partie intégrante du travail quotidien du contrôleur aérien. Le contrôleur aérien dispose de trois méthodes pour résoudre un conflit potentiel :

- le changement de niveau de vol,
- le changement de cap,
- le changement de vitesse,

ou une combinaison de ces trois méthodes. Dans la pratique, seules les deux premières méthodes sont fréquemment utilisées par les contrôleurs aériens. La régulation de vitesse seule est difficile à mettre oeuvre car elle ne modifie pas la trajectoire 3D des vols, contrairement au deux autres méthodes. Pour le contrôleur cela représente une difficulté supplémentaire car visuellement, sur l'écran radar, la résolution du conflit n'apparaît que très progressivement. Ainsi, de façon globale, les contrôleurs préfèrent les clairances de réaffectation de niveau de vol ou de modification de cap et se focalisent sur ces méthodes de résolution de conflit.

Au cours de ces dernières décennies, les perspectives d'évolution du volume de trafic ont favorisé le développement d'outils d'aide à la décision pour assister les contrôleurs dans leur travail. La recherche pour le développement de méthodes automatiques pour la détection et résolution de conflits a ainsi connu un formidable essor. Toutefois, l'automatisation partielle (ou complète) du contrôle du trafic aérien est encore un sujet de recherche et non une pratique existant dans les centres de contrôle. De nombreux chercheurs et professionnels de la navigation aérienne ont proposé des solutions ingénieuses pour améliorer la gestion des flux aériens. En 2004, Jacques Villiers, travaillant pour l'Institut du Transport Aérien (ITA), introduit le concept de régulation de vitesse subliminale du trafic comme un outil capable de lisser la charge de travail potentielle des contrôleurs aériens [17]. Dans la section suivante, nous présentons en détail ce concept sur lequel s'appuie notre approche.

1.1.5   La régulation de vitesse subliminale

La régulation subliminale du trafic aérien consiste à réguler les flux de trafic sans affecter la charge de travail potentielle des contrôleurs. Pour ce faire, Villiers a proposé de se limiter à de faibles ajustements de vitesse de façon à ce que les contrôleurs aériens ne les remarquent pas et de ce fait ne soient pas perturbés dans leur tâche. Cette approche a été validée quelques années plus tard dans le cadre du projet ERASMUS (*En-Route Air traffic Soft Management Ultimate System*), qui s'inscrit dans les lignes de recherche de SESAR [7]. Au cours du projet ERASMUS, des simulations avec des contrôleurs aériens ont permis de confirmer le potentiel du concept de la régulation de vitesse subliminale en montrant que de faibles modulations de vitesse permettaient de diminuer le nombre de conflits tout en demeurant imperceptibles par les contrôleurs [18]. Lors des mises en situation, les contrôleurs qui participaient aux expériences étaient tenus de travailler selon leur habitude, en réalisant les opérations requises pour résoudre les conflits potentiels. Des modulations de vitesse allant de -12% jusqu'à $+6\%$ de la vitesse nominale de croisière ont été simulées. Bien que la majorité des variations de vitesse ne fut pas détectée par les contrôleurs, les conclusions du projet, qui fut mené en collaboration avec Honeywell (en tant que fabricant de moteurs d'avions et d'ordinateurs de bord), soulignent que l'intervalle $[-6\%, +3\%]$ est le plus efficace du point de vue des performances aérodynamiques des moteurs. Parmi les résultats des mises en situation, l'apport d'ERASMUS se traduit par une baisse du nombre de clairances délivrées par vol de l'ordre de 20%. A l'issue de simulations réalisées sur l'espace aérien sud-est français, le projet ERASMUS estime à 80% le nombre de conflits pouvant être résolus grâce aux modulations de vitesse. Dans cette thèse, nous proposons de nous appuyer sur les conclusions d'ERASMUS pour développer une méthode de détection et résolution de conflits basée sur la régulation de vitesse. Nous choisissons de stabiliser deux intervalles de modulation de vitesse pour structurer notre approche :

- une faible régulation, soit l'intervalle $[-6\%, +3\%]$
- une forte régulation, soit l'intervalle $[-12\%, +6\%]$

Notre approche est pleinement orientée vers la minimisation des conflits aériens *via* la régulation de vitesse et il nous faudra la caractériser au regard de différents indicateurs de la gestion du trafic aérien. Le retard induit par la régulation de vitesse est potentiellement significatif, tout comme les surconsommations de carburant ; il est donc important de mesurer l'impact de notre modèle sur l'écoulement du trafic. Nous sommes maintenant en mesure de définir le problème de la régulation de vitesse, mais avant d'entreprendre sa modélisation nous commençons par dresser un état de l'art sur les différentes méthodes existantes.

1.2 Etat de l'art

Dans cette partie nous nous efforcerons d'établir un travail bibliographique reprenant la majorité des travaux publiés sur la gestion du trafic aérien et plus particulièrement sur la résolution de conflit par la régulation de vitesse. Dans une première partie 1.2.1, nous présentons diverses approches mathématiques pour la gestion du trafic aérien : dans cette partie les méthodes de régulation abordées sont aussi bien stratégiques que prétactiques. Ainsi il est plausible de considérer les capacités des aéroports et des secteurs et le trafic comme un système composé de plusieurs flux. Dans une seconde partie 1.2.2, nous nous focaliserons sur les filtres de régulation orientés vers la réduction des conflits aériens (pré-tactique, court terme) et la résolution de conflit (temps réel). Enfin dans une dernière partie 1.2.3, nous nous restreindrons aux modèles de résolution de conflits utilisant la régulation de vitesse.

1.2.1 Les approches mathématiques pour la gestion du trafic aérien

La recherche dans le domaine des méthodes automatiques pour améliorer le contrôle du trafic aérien évolue en permanence depuis l'apparition des premiers modèles visant à optimiser les flux aériens vers la fin du XXème siècle. Au départ les performances des ordinateurs rendaient difficile l'implémentation de méthodes exactes ainsi que le traitement d'un grand nombre de vols, notamment à cause du caractère combinatoire des problèmes rencontrés. Malgré les importantes évolutions technologiques qui ont marqué ces dernières décennies, ce problème est toujours d'actualité et il n'est pas systématiquement possible de résoudre de grands problèmes combinatoires en temps réel. En 1996, Bertsimas et Stock [19] publient un article sur le problème de la gestion globale des flux aériens. Les auteurs travaillent sur l'espace aérien américain et modélisent les capacités des secteurs aériens ainsi que celles des aéroports. L'objectif est de minimiser le retard global et l'approche proposée est une modélisation par un PLNE. Les auteurs démontrent également que le problème est NP-difficile et proposent d'utiliser une heuristique Lagrangienne pour le résoudre. Au début du XXIème siècle, Barnier *et al* [20] s'intéressent au problème de l'allocation des créneaux de décollage des vols, une tâche actuellement coordonnée par la CFMU en Europe. Les auteurs choisissent la programmation par contraintes pour développer un modèle visant à minimiser le retard global accumulé sur une journée de trafic, poursuivant ainsi le même objectif que Bertsimas et Stock [19]. Dans un article publié en 2003, Sherali *et al* [21] présentent un modèle global intégrant la notion d'équité entre les compagnies aériennes ainsi que la charge de travail liée au taux de remplissage des secteurs aériens. Les auteurs choisissent une approche probabiliste en trois dimensions pour modéliser les conflits et proposent une formulation en PLNE. En 2005, Giannaza publie un article comparant deux algorithmes (A* et évolutionnaire) destinés à assurer la séparation 3D des flux de trafic. Le but est de réduire la congestion de l'espace aérien considéré. Une approche alternative pour s'affranchir des problèmes de perte de séparation tout en garantissant la sécurité des vols et optimiser l'usage de l'espace aérien consiste à revoir son organisation. Ainsi, Rivière et Brisset [22] proposent d'utiliser la programmation par contraintes pour créer un réseau de routes aériennes en permettant aux avions d'emprunter le plus court chemin possible. Bichot [23] publie en 2006 une communication sur l'usage de différentes techniques (méta-heuristiques et méthodes spectrales) pour structurer l'espace aérien en fonction des flux de trafic. Le problème considéré peut être formulé comme un problème de partionnement de graphe. En 2010, Prot *et al* [24] proposent un paradigme basé sur la théorie des graphes dans lequel l'espace aérien est pavé avec des motifs hexagonaux dont les arêtes forment les routes aériennes. Les auteurs développent alors un modèle pour générer des trajectoires sans conflits dans ce réseau.

La gestion du trafic aérien s'avère donc être un domaine de recherche riche d'applications pour la Recherche Opérationnelle. Cependant, la plupart des approches décrites dans cette section requièrent la mise en place de modèles très généraux. Ces modèles agissent généralement au niveau stratégique ou pré-tactique et proposent des solutions et leurs éventuelles implémentations impliquent une grande ré-organisation de la gestion du trafic aérien, et ce à l'échelle continentale. Dans ce travail, nous souhaitons proposer une approche plus proche du contexte opérationnel actuel. Dans les prochaines sections, le problème de la détection et résolution de conflits est introduit au regard des nombreuses publications sur le sujet et un état de l'art spécifique aux modèles basés sur la régulation de vitesse est ensuite présenté.

1.2.2 Les méthodes de résolution de conflits à court terme

Le problème des conflits aériens est traité de façon explicite en 1997 par Granger *et al* [25] qui présentent un modèle et son implémentation sur l'espace aérien français. L'objectif est de résoudre l'ensemble des conflits potentiels à l'aide de manoeuvres de changement de cap et de niveau de vol. Les auteurs proposent d'utiliser un algorithme génétique pour optimiser une fonction multicritère dont l'objectif est de minimiser le retard induit par les manoeuvres, le nombre de manoeuvres effectuées et la durée des manoeuvres tout en satisfaisant les contraintes de séparation. Le modèle est implémenté sur un simulateur de trafic aérien capable de rejouer une journée de trafic dans l'espace aérien français et les résultats obtenus valident cette approche à base de méta-heuristiques. Cependant, dans ce travail, le spectre des manoeuvres d'évitement considérés est discrétisé de façon à réduire la complexité du problème d'optimisation à résoudre - les changement des cap autorisés sont calculés avec un angle discret - et l'usage de méta-heuristiques ne garantit pas l'obtention d'un optimum global. Les multiples facettes des problèmes liés à la gestion des flux de trafic aérien, ont largement contribué à diversifier les approches mathématiques dans ce domaine. Ainsi, Tomlin *et al* [26] ont proposé en 1998 une approche multi-agents pour le paradigme du *Free Flight*, dans lequel les vols choisissent eux-mêmes leur trajectoire tout en assurant leur sécurité sans aucun contrôle centralisé. Les innovations technologiques, telle que l'introduction du GPS (*Global Positionning System*), invitent la communauté à envisager une refonte du réseau aérien. Fondacci *et al* [27] posent les bases d'un réseau avec des trajectoires directes entre origine et destination. Les auteurs considèrent le problème de l'affectation des niveaux de vols de façon à ce que les trajectoires des vols ne s'intersectionnent pas et proposent des heuristiques pour le résoudre. En l'an 2000, Bilimoria [28] présente une approche géométrique pour traiter le problème de la résolution de conflits dans le plan horizontal. L'auteur propose d'optimiser les vecteurs vitesses des aéronefs tout en minimisant la déviation par rapport au vecteur vitesse nominal ; l'algorithme implémenté utilise la programmation semi-définie. Garantir la fiabilité des méthodes automatiques développées pour la gestion des flux de trafic aérien est une étape indispensable afin de pouvoir certifier ces méthodes et potentiellement les mettre en oeuvre. Ainsi en 2007, Dowek et Muñoz [29] présentent un modèle de détection et résolution de conflits capable de traiter des conflits comprenant de multiples avions et montrent que le modèle peut être formellement vérifié. Plus récemment, une nouvelle méthode pour la génération de trajectoires sans conflit a fait son apparition : l'usage des fonctions de navigation. En utilisant les champs de potentiel pour modéliser les répulsions entre aéronefs (contraintes de séparation), Roussos *et al* [30] proposent d'utiliser les fonctions de navigation dans un cadre décentralisé pour guider les vols en toute sécurité vers leur destination. Le concept sera repris en 2010 par Dougui *et al* [31] qui présentent un algorithme de résolution de conflits basé sur un modèle de propagation de lumière. Reprenant le principe des indices de réfraction (loi de Descartes), les auteurs construisent un modèle s'appuyant sur les fonctions de navigation pour générer des trajectoires sans conflit. La majorité des modèles de détection et résolution de conflits développés reposent sur l'usage d'un système de communication entre les aéronefs et les centres de contrôle au sol mais il existe également des modèles basés sur la communication entre les aéronefs. Dans deux communications, Irvine [32, 33] décrit les performances d'un modèle de résolution de conflit séquentiel en fonction de la portée du système de communication utilisé. Cette approche du problème de la résolution de conflit est conçue pour s'appliquer dans le cadre du *Free Flight*. Les conflits potentiels sont résolus en agissant sur le cap d'un seul vol à la fois, réduisant ainsi la combinatoire du problème. Les algorithmes de détection et résolution de conflits ne prennent pas en compte l'incertitude en prévision de trajectoire. A travers une simulation sur des jeux de données réelles, on observe que le nombre de conflits restant augmente lorsque la portée du système de communication est réduite.

Comme nous l'avons vu, depuis plusieurs années plusieurs chercheurs dans le domaine de la gestion du trafic aérien ont mis au point des méthodes de résolution de conflits basées sur les changements de cap, les réaffectations de niveau de vol, la régulation de vitesse ainsi que des combinaisons de ces techniques. Intuitivement, un modèle de résolution de conflits doit chercher à minimiser le nombre de conflits restant - ou maximiser le nombre de conflits résolus. L'émergence des algorithmes de résolution de conflits combinée au développement des méthodes de calcul informatique ont permis, notamment *via* les méta-heuristiques, de résoudre efficacement des problèmes de grande taille (à l'échelle nationale et continentale). Ainsi, le défi consistant à résoudre les conflits est rapidement devenu celui consistant à trouver la meilleure résolution possible. Dans de nombreux modèles, les critères à optimiser ont évolué vers des objectifs globaux (tel que la minimisation du retard total) ou la minimisation des déviations par rapport aux trajectoires de référence. Dans ces modèles, la séparation des vols est souvent inscrite comme une contrainte inviolable (en dur) : il n'existe alors pas de solutions réalisables si toutes les contraintes de séparation ne sont pas satisfaites. Toutefois, cette approche n'est pas si rigide. *Modulo* un temps d'anticipation raisonnable (de l'ordre de vingt minutes), les deux - ou trois - dimensions de l'espace aérien disponibles sont généralement assez vastes pour permettre l'existence de telles solutions, c'est-à-dire des trajectoires sans conflits. La résolution positive de ces modèles dépend bien entendu de la densité de vols dans la région de l'espace aérien considéré.

Au début du XXIème siècle, Kuchar et Yang [34] sont parvenus à répertorier la quasi-totalité des méthodes de détection et résolution de conflits existantes. Ce compte rendu présente ainsi 68 algorithmes de détection et résolution de conflit et fait appel à différents critères pour les catégoriser : le type de manoeuvres de résolution de conflit, la méthode de résolution utilisée ou encore le comportement des modèles face aux conflits multiples (avec plus de deux vols). Bien que de nombreux modèles de résolution de conflits utilisent la vitesse comme type de manoeuvre, à l'époque les auteurs ne dénombrent que deux méthodes se focalisant uniquement sur la vitesse des vols. Une raison à cela est le caractère incertain de la prévision de trajectoire, une étape indispensable lors de l'implémentation des modèles de détection et résolution de conflits. La prévision de trajectoire consiste à prévoir la position d'un avion dans un futur proche (10 à 30 minutes) afin de déterminer si celui-ci est susceptible d'entrer en conflit avec un autre avion. Elle joue donc un rôle primordial lors de la détection des conflits potentiels et par conséquent peut avoir une influence déterminante sur les performances des modèles. Historiquement, les modèles de détection et résolution de conflits étaient donc tournés vers les manoeuvres de type changement de cap et/ou réaffectation de niveau de vol. Ces manoeuvres peuvent être orchestrées de façon à garantir aisément la séparation des vols ; cependant, les modifications de trajectoire dans l'espace requièrent plus de mouvements que les déplacements longitudinaux et par conséquent sont potentiellement soumis à une plus forte incertitude en prévision de trajectoire. Les récents progrès en matière de prévision de trajectoire suggèrent que la résolution de conflits par la régulation de vitesse est aujourd'hui une approche potentiellement viable. Depuis le début du XXIème siècle, le nombre de publications traitant de méthodes de résolution de conflits utilisant la régulation de vitesse a considérablement augmenté. Dans la prochaine section nous présentons un état de l'art regroupant ces méthodes.

1.2.3 Les approches basées sur la régulation de vitesse

L'un des premiers travaux sur la résolution de conflits *via* la régulation de vitesse est dû à Friedman [35]. Dans un article publié en 1988, Friedman propose une méthode pour déterminer l'instant optimal auquel le contrôleur aérien doit intervenir pour résoudre un conflit potentiel. L'auteur choisit de restreindre les manoeuvres que les vols sont autorisées à suivre aux modulations de vitesse et propose d'utiliser la durée des conflits potentiels et la distance minimiale entre les vols pour mesurer l'intensité de ces conflits potentiels. Ce n'est qu'au début du XXIème siècle que Pallottino *et al* [36] publient un article dans lequel les auteurs traitent le problème de la régulation de vitesse en le formulant comme un problème d'optimisation. L'objectif est de minimiser le temps de parcours des vols en les accélérant tout en respectant une norme de séparation horizontale. Le problème est formulé comme un PLNE dans lequel la vitesse des vols est bornée. Les auteurs présentent des résultats à partir de simulations comprenant jusqu'à 11 aéronefs. Les scénarios considérés correspondent au problème du rond-point où tous les vols sont disposés sur le périmètre d'un cercle et se dirigent vers son centre. Le problème est résolu avec le solveur CPLEX et les temps de calculs obtenus sont de l'ordre de la seconde, validant ainsi le modèle proposé sur les instances de type rond-point. En 2004 et 2005, Archambault [11, 37] publie deux communications sur la régulation de vitesse et l'incertitude sur la vitesse des vols. L'auteur cherche à minimiser le nombre de conflits *via* des régulations de vitesse ainsi qu'à quantifier l'influence de l'incertitude sur la vitesse des vols sur le modèle développé. Pour ce faire, Archambault propose de considérer que les vitesses des aéronefs ne peuvent pas être connues avec précision mais qu'elles appartiennent à un intervalle de confiance. Avec une erreur de $\pm5\%$ sur la vitesse détectée, l'auteur montre que le nombre de conflits potentiels détectés est surestimé de 200%. Le modèle de résolution de conflits est implémenté avec un algorithme génétique sur l'ensemble de l'espace aérien français. Avec un intervalle de régulation de vitesse du même ordre de grandeur que l'incertitude, entre 50% et 90% des conflits sont résolus en fonction de l'horizon d'anticipation utilisé pour la détection des conflits potentiels. L'auteur note cependant que les temps de calcul augmentent considérablement lorsque l'horizon est grand. Au cours de la même année, Ehrmanntraut et Jelinek [38] comparent la régulation de vitesse avec les manoeuvres de résolution de conflits telles que le changement de cap ou de niveau de vol. Ils soulignent notamment la nécessité d'automatiser les méthodes de régulation de vitesse. Avec un algorithme séquentiel (dans lequel les vols sont traités séquentiellement) et un intervalle de régulation de vitesse de $\pm15\%$, les auteurs montrent que 75% des conflits potentiels dans une partie dense de l'espace européen sont résolus.

En 2006, Constans *et al* [39] présentent une méthode pour réduire les conflits par des modulations de vitesse utilisant les temps de passages des vols au-dessus des balises. Les auteurs proposent d'utiliser une boucle à horizon glissant pour réguler le trafic et discutent le paramétrage du procédé. La présente thèse est basée sur ces travaux de recherche. Dans un article daté de 2007, Haddad *et al* [40] présentent un algorithme d'ordonnancement disjonctif pour traiter le problème de la minimisation des conflits *via* la régulation de vitesse. La prise en compte de l'incertitude dans leur modèle conduit les auteurs à conclure que les décisions sur les vitesses des vols ne doivent pas être prises trop tôt, insistant ainsi sur l'importance du compromis entre l'horizon d'anticipation et l'incertitude sur la vitesse des vols. Plus récemment Vela *et al* [41], [42] ont proposé des algorithmes utilisant la régulation de vitesse et tenant compte de l'incertitude liée au vent. Dans une première communication, les auteurs modélisent le problème comme un PLNE et dans une seconde le problème est modélisé comme un programme d'optimisation stochastique à deux niveaux. Les résultats de simulations réalisées sur un secteur de l'espace aérien américain confirment la validité des modèles pour la résolution de conflits. Une communication sur l'influence de la régulation de vitesse sur la consommation de carburant est publiée par Delgado et Pratts [43] en 2009 et suggère que de nombreux vols sont susceptibles d'être régulés en vitesse sans augmenter leur consommation de carburant. Ce constat est déterminant pour orienter convenablement les politiques de régulation de vitesse et provient directement d'une statistique observée par John Hansman [44] qui montre que la plupart des avions volent à leur vitesse maximale et non optimale en terme de consommation de carburant. En 2010, Cafieri *et al* [45] développent un modèle de résolution de conflits destiné à minimiser les déviations de la vitesse nominale des vols. Le modèle proposé est formulé comme un problème d'optimisation non-linéaire. Dans la lignée du projet ERASMUS, Chaloulos *et al* [46] ont publié un article sur le risque perçu par les contrôleurs aériens dans un cadre de régulation subliminale. Ces travaux s'appuient notamment sur des résultats obtenus durant le projet ERASMUS présentés par Averty *et al* [18]. Chaloulos *et al* présentent une approche destinée à tirer profit de l'incertitude en prévision de trajectoire omniprésente dans la gestion du trafic aérien afin de réguler la charge de travail des contrôleurs. Le modèle développé vise à quantifier et prévoir le risque perçu par les contrôleurs. Des profils cognitifs représentant les différents types de contrôleurs aériens sont testés ; cependant les auteurs soulignent la difficulté inhérente à modéliser ces comportements. En fixant un profil cognitif, les auteurs montrent ensuite qu'une méthode de régulation de vitesse subliminale peut être adaptée pour réduire le risque perçu chez les contrôleurs.

En dépit des multiples approches sur la résolution de conflits via la régulation de vitesse, il subsiste encore de nombreuses pistes à explorer. En particulier, l'usage de la régulation de vitesse seule affecte considérablement la méthodologie employée. Le projet ERASMUS a contribué au développement de ces méthodes et a permis de préciser des intervalles de variation de vitesse fonctionnels, c'est-à-dire compatibles avec une régulation subliminale du trafic. Dans ce cadre, bien qu'il soit encore trop tôt pour recourir à des modèles cognitifs capables de reproduire leur comportement, c'est la charge de travail des contrôleurs qui est au coeur des préoccupations. L'objectif de cette thèse est de proposer un modèle pour minimiser les conflits aériens par des modulations de vitesse subliminales. Au regard des publications citées sur le sujet, la prise en compte de l'incertitude en prévision de trajectoire s'impose comme une étape incontournable de notre approche. En effet, moduler la vitesse des vols pour éviter les conflits requiert un temps d'anticipation dépendant directement de la marge de manoeuvre disponible.

La qualité de la prévision de trajectoire des vols est, par conséquent, d'une importance capitale car elle est naturellement plus dégradée lorsque de larges horizons de régulation sont considérés. D'un point de vue expérimental, il nous appartiendra de valider notre approche sur un outil de simulation tout en déterminant des conditions réalistes. Enfin, l'impact d'un tel filtre de régulation court terme sur l'écoulement du trafic doit être pris en considération afin de pouvoir quantifier l'influence du modèle de régulation sur des indicateurs de la gestion du trafic aérien tels que le retard global, la consommation de carburant ou le nombre de manoeuvres de résolution de conflits.

Chapitre 2

Etude des conflits à deux avions : choix de l'objectif

Dans ce chapitre nous nous attacherons à formuler précisément le problème de la régulation de vitesse de façon à ce qu'il puisse être exprimé dans un language mathématique rigoureux. Pour ce faire, nous définissons dans un premier temps 2.1 la notion de régulation de vitesse et proposons de la reformuler avec les *temps de passage* des vols. La seconde partie de ce chapitre 2.2 est consacrée à la notion de *conflit potentiel* qui joue un rôle majeur dans les algorithmes de détection et de réduction des conflits. Dans cette partie, nous discutons le choix de la fonction objectif et développons des modèles de réduction des conflits adaptés à la géométrie des conflits potentiels.

2.1 Le problème de la modulation de vitesse

La régulation de vitesse est une pratique courante dans les problèmes de transport. Nombre d'entre nous en ont déjà fait l'expérience sur la route lorsque la trajectoire d'un autre véhicule se rapproche de la nôtre. Elle est parfois utile pour se frayer un passage dans une foule animée. Sur les rails, à défaut de pouvoir choisir leur direction, les trains peuvent moduler leur vitesse pour céder ou prendre la priorité. Bien que dans le domaine aérien les trois dimensions de l'espace offrent des degrés de liberté inégalés sur terre, de nouvelles contraintes apparaissent. De façon générale, les avions sont tenus d'avancer pour maintenir une sustentation. Dans le cadre de la gestion du trafic aérien, la régulation de vitesse des vols peut être perçue comme un moyen d'action pour optimiser l'écoulement du trafic. Dans cette partie, nous proposons une méthodologie pour la pratique de la régulation de vitesse lors de la phase de croisière.

2.1.1 Bornes de modulation de vitesse

La performance d'un système de régulation via des modulations de vitesse est tributaire de la marge de manoeuvre en vitesse disponible pour chaque vol. Malgré les importantes avancées techniques dans le domaine aéronautique au cours du siècle dernier, les performances des aéronefs commerciaux sont encore limitées ; ainsi il n'est pas toujours possible de modifier la vitesse d'un vol. Cela est particulièrement vrai pour la phase de montée. La phase de descente des vols est naturellement plus contrôlable ; plusieurs travaux sur l'optimisation des profils de descente ont ainsi été publiés au cours du XXIème siècle [47], [48]. Dans le cadre de cette thèse nous choisissons de nous focaliser sur la phase de croisière des vols. Ce choix est principalement motivé pour des raisons pratiques liées aux performances des aéronefs mais également par le caractère subliminal de l'approche évoquée dans le cadre du projet ERASMUS. Afin de minimiser les répercussions de notre modèle sur la charge de travail potentielle des contrôleurs aériens, il est souhaitable de se cantonner à la régulation des vols en phase de croisière. Pour évaluer la marge de manoeuvre disponible lors de la régulation de vitesse des vols, il nous faut définir une vitesse de référence.

En aéronautique, la notion de vitesse optimale est à la fois essentielle et sujette à de multiples interprétations. Dans le monde opérationnel, la vitesse optimale d'un vol peut être la vitesse minimisant la consommation de carburant ou celle minimisant le temps de parcours. En réalité, cela dépend de la compagnie aérienne opérant le vol, car c'est elle qui finance ce transport et par conséquent chiffre son coût. Ainsi, selon le coût de l'heure de vol, un transporteur aérien privilégiera un profil de vol minimisant la consommation ou le temps de parcours. Dans le transport aérien commercial le rapport entre le coût de l'heure de vol et celui de l'unité de carburant est connu sous le nom de *cost index*. Le *cost index* traduit la stratégie commerciale des compagnies aériennes, il est donc confidentiel, et ce même pour les services de navigation aérienne. Il nous faut donc travailler avec une autre vitesse de référence. Nous proposons de considérer les vitesses de croisière données par le modèle de performance BADA (*Base of Aircraft Data*) [49]. Le modèle BADA a été developpé par Eurocontrol et intègre les caractéristiques techniques d'un grand nombre d'aéronefs. Les performances des aéronefs en croisière dépendent notamment de l'altitude à laquelle ils évoluent. Les données du modèle BADA sont donc tabulées par niveau de vol : pour chaque type d'avion et chaque niveau de vol il est, par exemple, possible de connaître les vitesses et accélérations minimale et maximale des aéronefs. Nous définissons trois types de vitesses opérationnelles :

La vitesse minimale : V_{min} correspond à la vitesse de décrochage (*stall speed*). En deça de cette vitesse la portance n'est pas suffisante pour maintenir l'appareil à altitude constante, on dit que l'avion "décroche".

La vitesse nominale : V_{nom} est la vitesse optimale en terme de consommation de carburant.

La vitesse maximale : V_{max} correspond à la vitesse atteinte lorsque la poussée des réacteurs est maximale.

Chacune de ces vitesses varie en fonction de l'altitude, mais également en fonction de la pression atmosphérique, de la composition du milieu ambiant et de la charge de l'appareil. Cependant, il est plausible de négliger localement l'influence des paramètres atmosphériques, tels que la pression et la température, sur la vitesse des vols. En effet, dans le cadre de la détection et de la réduction des conflits aériens, ces paramètres atmosphériques ont un impact très limité sur les trajectoires des vols observées [50]. En ce qui concerne la masse des appareils, elle diminue au cours du vol en raison de la consommation de carburant. Pour notre approche, nous nous référerons au modèle BADA qui propose d'approximer la masse des appareils avec la masse moyenne sur l'ensemble du vol. Bien que nous ayons fait le choix de travailler avec le modèle BADA, il est important de noter que notre approche peut facilement être mise en oeuvre avec un autre modèle de performance. Enfin il est important de différencier la vitesse d'un vol par rapport à l'air et par rapport au sol. La vitesse par rapport à l'air est la vitesse d'un vol dans le référentiel aérien, tandis que la vitesse par rapport au sol est celle d'un vol dans le référentiel terrestre ; elle inclut donc une composante liée au vent :

$$\vec{V}_{sol} = \vec{V}_{air} + \vec{V}_{vent}$$

Dans ce chapitre nous considérerons les vitesses des vols par rapport au sol et supposerons qu'il n'y a pas de vent. Pour rendre compte de l'impact du vent sur la résolution des conflits, nous introduirons ultérieurement une composante aléatoire dans notre méthode de résolution de conflits (voir chapitre 4).

La régulation de vitesse des vols consiste à autoriser des modulations de vitesse de façon à améliorer l'écoulement du trafic en réduisant les risques de conflits aériens. Dans cette thèse nous faisons l'hypothèse que les vitesses des vols ne dépendent pas du temps, c'est-à-dire que les modulations de vitesse sont effectuées instantanément. Cette hypothèse de modélisation est plausible car les modulations de la vitesse des vols envisagées sont de faible amplitude [9] : le plus grand intervalle de modulation de vitesse considéré est $[-12\%, +6\%]$ par rapport à la vitesse de référence. Nous proposons de considérer un intervalle de modulation de vitesse identique pour tous les vols. Soit $[\underline{M}, \overline{M}]$ cet intervalle, où $\underline{M}$ et $\overline{M}$ sont exprimés en pourcentage de la vitesse nominale des aéronefs. Si v_f est la vitesse du vol f, la contrainte liée à la régulation de vitesse s'exprime alors : [1]

$$V_{nom}(f) \cdot (1 + \underline{M}) \leq v_f \leq V_{nom}(f) \cdot (1 + \overline{M}) \qquad (2.1)$$

Cependant les bornes de l'intervalle $[V_{nom}(f) \cdot (1+\underline{M}), V_{nom}(f) \cdot (1+\overline{M})]$ n'étant pas toujours réalisables en raison des contraintes sur les vitesses opérationnelles (issues du modèle BADA), il convient de reformuler les bornes de la contrainte (2.1). Soit $\underline{V}_f$ et $\overline{V}_f$ les vitesses définies comme suit :

$$\underline{V}_f = \max\left(V_{nom}(f) \cdot (1 + \underline{M}), V_{min}(f)\right)$$
$$\overline{V}_f = \min\left(V_{nom}(f) \cdot (1 + \overline{M}), V_{max}(f)\right)$$

La contrainte liée à la régulation de vitesse peut alors s'exprimer sans ambigüité :

---

1. Dans l'ensemble du document les constantes mathématiques sont dénotées par des majuscules et les quantités variables par des minuscules.

33

$$\underline{V}_f \leq v_f \leq \overline{V}_f \tag{2.2}$$

Cette formulation de la contrainte liée à la régulation de vitesse est satisfaisante par rapport aux performances aérodynamiques des appareils. En revanche, dans la gestion en temps réel du trafic aérien il faut également considérer la possibilité d'implémentation de ces méthodes de régulation. Au cours de ces dernières décennies, les aéronefs ont été progressivement équipés d'ordinateurs de bord, appelés FMS (*Flight Management Systems*). Le rôle des FMS est de guider les vols vers leur destination en contrôlant automatiquement les systèmes de navigation des aéronefs, ainsi que les mécanismes requis pour ajuster leurs trajectoires. Les FMS se comportent donc à l'instar des pilotes et sont de plus en plus utilisés pour les assister dans leurs tâches. Avec l'augmentation du volume du trafic aérien, il est plus que jamais nécessaire de maîtriser précisément les trajectoires des aéronefs. L'enjeu en matière de prévision de trajectoire consiste à viser des points 4D, c'est-à-dire des heures de passages en des points de l'espace. Pour favoriser l'essor des trajectoires 4D, les programmes tels que SESAR et NextGen ont développé le concept de RTA (*Required Time of Arrival*).

2.1.2 Régulation des temps de passage des vols

Un RTA peut être défini comme un point cible visé par les vols au cours de leur trajet. Actuellement les FMS sont capables d'utiliser les RTA comme des instructions de vol permettant aux aéronefs de respecter des contraintes sur l'heure d'arrivée des vols. En 2007, parmi les membres de la CEAC (Conférence Européenne de l'Aviation Civile) qui regroupe 44 états européens, la proportion d'aéronefs équipés d'un FMS muni d'une fonction RTA est estimé à 28% [51]. Bien qu'il soit encore trop tôt pour qu'ils puissent conduire un vol entier avec une liste de RTA, il est plausible de supposer que l'innovation dans ce domaine le permettra prochainement [52]. Ainsi nous choisissons d'orienter notre formulation sur la régulation des temps de passage tout en agissant sur la vitesse de vols. Notre objectif est de reproduire le comportement réel des FMS qui consiste à respecter des consignes de temps de passage en certains points de l'espace.

Formellement, si i est un point de l'espace appartenant aux trajectoires des vols f et f', nous notons respectivement t_f^i et $t_{f'}^i$ les temps de passage des vols f et f' au point i. La régulation des temps de passage peut se déduire de l'action sur la vitesse en considérant le temps de parcours d'un vol entre deux points. Si t_f^{i-} est le temps de passage du vol f au point i^-, correspondant à un point sur la trajectoire de f, nous notons D_f^i la distance euclidienne entre i et i^-. La vitesse du vol f, v_f, peut alors être exprimée comme suit :

$$v_f = \frac{D_f^i}{t_f^i - t_f^{i-}} \qquad (2.3)$$

et par conséquent, le temps de passage t_f^i s'exprime :

$$t_f^i = \frac{D_f^i}{v_f} + t_f^{i-} \qquad (2.4)$$

Pour exprimer la contrainte (2.2) sur les temps de passage d'un vol, il suffit de définir les temps minimum et maximum de passage du vol f en i. Soient $\underline{T}_f^i, \overline{T}_f^i \in \mathbb{R}$ ces instants :

$$\underline{T}_f^i = \frac{D_f^i}{\overline{V}_f} + t_f^{i-} \qquad \overline{T}_f^i = \frac{D_f^i}{\underline{V}_f} + t_f^{i-} \qquad (2.5)$$

et la contrainte sur les temps de passage d'un vol est :

$$\underline{T}_f^i \leq t_f^i \leq \overline{T}_f^i \qquad (2.6)$$

L'usage de la contrainte (2.6) permet la régulation directe des consignes RTAs et fournit ainsi un moyen d'action opérationnel pour minimiser les conflits aériens. Par conséquent, nous définissons les temps de passage t_f^i et $t_{f'}^i$ comme les principales variables de décision de notre modèle. Dans la partie suivante nous nous focalisons sur le choix d'une fonction objectif pour notre modèle.

2.2 Minimisation de la durée d'un conflit

Cette partie détaille la méthodologie adoptée pour traiter le problème de la minimisation des conflits par des modulations de vitesse uniquement. Nous commençons par discuter la structure du problème d'optimisation à résoudre et la nature de la fonction objectif retenue dans notre approche. Nous considérons ensuite la géométrie des conflits aériens afin de proposer des modèles adaptés à chaque type de conflits.

2.2.1 Le choix de l'objectif

Dans le cas où seule l'action sur la vitesse est utilisée, la nature du problème de la résolution des conflits aérien à résoudre change considérablement : les aéronefs sont alors tenus de ne pas modifier leur trajectoire 3D, limitant ainsi les possibilités de résolution de conflits. Dans ces conditions, exprimer la contrainte de séparation en "dur" risque de rendre le problème insoluble pour de nombreuses instances. Ceci est particulièrement vrai dans le cadre d'une régulation subliminale, où seules de faibles modulations de vitesses sont permises. Le choix de notre fonction objectif se tourne alors naturellement vers des critères visant à minimiser les risques de conflits. Dans le contrôle aérien, la notion de risque occupe une place fondamentale : la nature du travail des contrôleurs incite ceux-ci à anticiper les pertes de séparation et nous amène naturellement vers la quantification du risque d'occurence de celles-ci. Il n'appartient pas au cadre de cette thèse de modéliser le risque perçu chez le contrôleur, ce travail constitue à lui seul un effort considérable en matière de sciences cognitives et s'éloigne de la recherche opérationnelle. Aussi à défaut de développer un modèle complexe pour quantifier les risques de perte de séparation, nous souhaitons fixer une métrique pour mesurer la sévérité des conflits potentiels. Il est aujourd'hui communément reconnu que la géométrie des conflits potentiels a un impact sur la charge de travail des contrôleurs aériens [53], [54], [55], [56]. Dans le cadre de notre approche, notre objectif final est de lisser la charge de travail des contrôleurs, ainsi nous proposons de quantifier la sévérité des conflits potentiels en fonction de leur géométrie. Parmi les caractéristiques géométriques d'un conflit potentiel, la distance minimale entre les deux vols en conflit potentiel est perçue comme un indicateur efficace par les contrôleurs aériens [57]. Une métrique alternative pour mesurer la sévérité des conflits consiste à distinguer les conflits potentiels par leur durée [58]. La durée d'un conflit est définie comme le temps que deux vols passent en dessous des normes de séparation et est donc intimement liée à la distance relative entre les vols. Bien que cela ne soit pas toujours vrai, dans la plupart des cas plus la durée d'un conflit est longue, plus la distance minimale observée entre les vols est petite. La durée des conflits peut donc être utilisée comme une métrique pour mesurer la sévérité des conflits - au moins du point de vue de la charge de travail qu'ils occasionnent au contrôleur. Sous ces hypothèses, l'objectif de notre modèle est de minimiser la durée totale des conflits potentiels. Avec cette formulation, lorsque la durée d'un conflit potentiel est réduite à zéro, celui-ci est éliminé. Pour formaliser mathématiquement cet objectif, nous proposons une approche basée sur la géométrie des conflits potentiels.

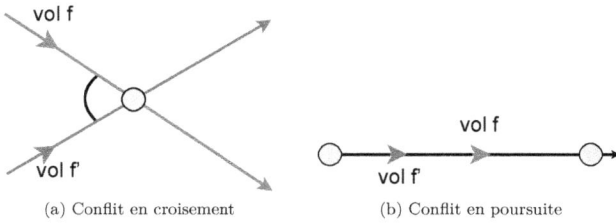

(a) Conflit en croisement

(b) Conflit en poursuite

FIGURE 2.1 – Types de conflits

Les conflits aériens peuvent être différenciés en observant les trajectoires des vols. Nous distinguons deux types de conflits selon que les trajectoires des vols s'intersectionnent en un ou plusieurs points de l'espace (voir figure 2.1).

Les conflits en croisement - ce sont les conflits pour lesquels les trajectoires des vols s'intersectionnent avec un angle non-nul, la majorité des conflits potentiels sont des conflits en croisement (nous renvoyons le lecteur à la section 5.1.3 pour plus de précisions sur ce constat).

Les conflits en poursuite - ce sont les conflits pour lesquels les trajectoires des vols s'intersectionnent avec un angle nul, c'est-à-dire qui surviennent lorsque deux vols parcourent le même trajet.

Cette approche géométrique est dictée par l'organisation du réseau aérien : comme nous l'avons vu dans la section 1.1.2, le réseau aérien est structuré par des routes aériennes, elles-mêmes composées par plusieurs balises. Un vol évoluant dans le réseau aérien peut donc être en conflit avec un vol évoluant sur une route différente ou sur sa propre route. Avant d'entamer la modélisation mathématique des différents types de conflits à deux avions, nous souhaitons apporter quelques précisions sur l'organisation des sections à venir. Nous avons choisi d'orienter notre modèle d'optimisation vers la minimisation de la durée des conflits et de décliner ce modèle en fonction de la géométrie des conflits. Pour chaque type de conflit étudié nous chercherons donc dans un premier à temps à exprimer la durée des conflits en croisement et en poursuite. Cependant, pour chaque type de conflit, les fonctions objectifs obtenues sont des expressions difficiles à optimiser qu'il nous faudra approximer de façon à obtenir des formulations adaptées en vue de l'implémentation de notre modèle sur des instances de grande taille. En particulier, la minimisation de la durée d'un conflit en croisement constitue un obstacle que nous proposerons de contourner en introduisant un critère d'optimisation alternatif appelé *charge de conflit*. L'expression de la durée des conflits en poursuite, quant à elle, sera approximée en simplifiant la fonction objectif obtenue. Par conséquent, les fonctions objectifs retenues à l'issue de ce chapitre ne minimiseront pas précisément la durée des conflits, mais des critères dérivées de cet objectif. Dans les sections suivantes, nous considérons chaque type de conflit indépendamment avant de discuter le cas des configurations hybrides - où deux vols sont à la fois en conflit de type croisement et poursuite. Nous commençons par traiter le cas de conflits en croisement.

2.2.2 Conflit en croisement

Dans cette section, nous commençons par exprimer la durée d'un conflit en croisement entre deux vols évoluant à vitesse constante. Nous rappelons que le choix de considérer les vitesses des vols comme constantes - ne dépendant pas du temps - pour estimer la durée des conflits est une hypothèse de modélisation effectuée compte tenu de la faible amplitude des variations de vitesse considérés. Les performances de la fonction objectif obtenue seront ensuite comparées à un critère d'optimisation alternatif sur des instances de benchmark. Les résultats de ces tests nous permettrons de caractériser les deux critères étudiés, afin de sélectionner celui le plus adapté pour notre approche.

Durée d'un conflit en croisement

Soient f et f' deux vols dont les routes s'intersectionnent au point i. Nous supposons que les aéronefs volent avec des trajectoires rectilignes. Dans la suite de cette section, nous nous plaçons dans le plan euclidien formé par les trajectoires des deux vols. Pour faciliter les notations, nous supposons que la trajectoire du vol f est confondue avec l'axe des abscisses et que f passe en i au temps zéro. Soit $0 < \theta < \pi$, l'angle de confluence entre les trajectoires des vols. La configuration géométrique de référence est présentée figure 2.2. Soit $\Delta T = |t_f^i - t_{f'}^i|$ la différence de temps de passage entre les vols f et f' au point i, les expressions cinématiques des vols dans le plan formé par leurs trajectoires sont :

$$\begin{cases} x_f(t) & = v_f t \\ y_f(t) & = 0 \\ x_{f'}(t) & = v_{f'}(t - \Delta T)\cos\theta \\ y_{f'}(t) & = v_{f'}(t - \Delta T)\sin\theta \end{cases} \tag{2.7}$$

et la distance euclidienne $D(t)$ entre f et f' au temps t s'exprime :

$$D(t) = \sqrt{\left(x_f(t) - x_{f'}(t)\right)^2 + \left(y_f(t) - y_{f'}(t)\right)^2} \tag{2.8}$$

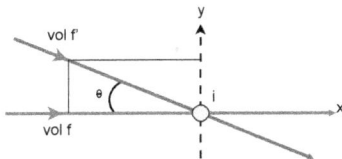

FIGURE 2.2 – Configuration géométrique de référence pour l'étude des conflits en croisement.

Soit N la norme de séparation horizontale, la contrainte de séparation est donnée par :

$$\forall t, \quad D(t) \geq N$$

Afin d'établir une relation entre les temps de passage des vols au point i et la norme de séparation, nous élevons l'équation (2.8) au carré et remplaçons les coordonnées des vols par leurs expressions algébriques :

$$
\begin{aligned}
D^2(t) &= \left(v_f t - v_{f'}(t - \Delta T)\cos\theta\right)^2 + \left(v_{f'}(t - \Delta T)\sin\theta\right)^2 \\
&= t^2(v_f^2 + v_{f'}^2 - 2v_f v_{f'}\cos\theta) + t(2v_f v_{f'}\Delta T \cos\theta - 2v_{f'}^2 \Delta T) \\
&\quad + v_{f'}^2 \Delta T^2
\end{aligned}
\tag{2.9}
$$

Pour exprimer la contrainte de séparation en fonction des temps de passage des vols, il nous faut résoudre l'équation $D(t) = N$. Cela revient à résoudre l'équation $D^2(t) - N^2 = 0$ qui est une équation du 2ème ordre du type :

$$At^2 + Bt + C = 0 \tag{2.10}$$

avec, en utilisant l'équation (2.9) :

$$
\begin{cases}
A &= v_f^2 + v_{f'}^2 - 2v_f v_{f'}\cos\theta \\
B &= 2v_f v_{f'}\Delta T \cos\theta - 2v_{f'}^2 \Delta T \\
C &= v_{f'}^2 \Delta T^2 - N^2
\end{cases}
$$

Soit Δ_1 le discriminant de l'équation (2.10) :

$$
\begin{aligned}
\Delta_1 &= B^2 - 4AC \\
&= (2v_f v_{f'}\Delta T \cos\theta - 2v_{f'}^2 \Delta T)^2 \\
&\quad - 4(v_f^2 + v_{f'}^2 - 2v_f v_{f'}\cos\theta)(v_{f'}^2 \Delta T^2 - N^2) \\
&= 4N^2(v_f^2 - 2\cos\theta v_f v_{f'} + v_{f'}^2) - 4v_f^2 v_{f'}^2 \Delta T^2 \sin^2\theta
\end{aligned}
$$

La contrainte de séparation est violée si et seulement si (2.10) a des racines, soit si $\Delta_1 > 0$ ou :

$$4N^2(v_f^2 - 2\cos\theta v_f v_{f'} + v_{f'}^2) - 4v_f^2 v_{f'}^2 \Delta T^2 \sin^2\theta \leq 0 \tag{2.11}$$

40

Supposons que l'inégalité (2.11) soit vérifiée, la durée du conflit est alors déterminée par la différence des racines de l'équation (2.10). Soit $t_1 < t_2$ ces racines, la durée d'un conflit en croisement est donc :

$$t_2 - t_1 = \frac{-B + \sqrt{\Delta_1}}{2A} - \frac{-B - \sqrt{\Delta_1}}{2A} = \frac{\sqrt{\Delta_1}}{A}$$

Notre approche pour réguler la charge de travail des contrôleurs aériens s'appuie sur la modulation de la vitesse des vols. Pour minimiser la durée des conflits en croisement *via* des modulations de vitesse nous proposons d'exprimer cette quantité comme une fonction des vitesses des vols, pour cela nous introduisons la définition suivante.

Définition 1 (Durée d'un conflit en croisement). *Soit f et f' deux vols en conflit dont les trajectoires s'intersectent avec un angle $\theta \neq 0$. La durée $\Phi^i(v_f, v_{f'})$ du conflit entre f et f' est :*

$$\Phi^i : \mathbb{R} \times \mathbb{R} \to \mathbb{R}$$
$$(v_f, v_{f'}) \mapsto \frac{2\sqrt{N^2(v_f^2 - 2\cos\theta v_f v_{f'} + v_{f'}^2) - v_f^2 v_{f'}^2 \Delta T^2 \sin^2\theta}}{v_f^2 - 2\cos\theta v_f v_{f'} + v_{f'}^2}$$

$\Phi^i(v_f, v_{f'})$ *représente la durée du conflit entre les vols f et f' en fonction des vitesses des vols.*

Il est clair que $\Phi^i(v_f, v_{f'})$ est une fonction fortement non linéaire par rapport aux vitesses des vols. De plus, nous rappelons que le terme ΔT dépend également des vitesses des vols mais aussi des distances initiales des vols jusqu'au point i :

$$\Delta T = |t_f^i - t_{f'}^i| = \left| \frac{D_f^i}{v_f} + t_f^{i-} - \frac{D_{f'}^i}{v_{f'}} - t_{f'}^{i-} \right|$$

Le problème de la régulation de vitesse peut être traité en minimisant la fonction $\Phi^i(v_f, v_{f'})$ en tenant compte des contraintes sur les vitesses des vols. Cependant, bien qu'il semble possible de résoudre ce problème d'optimisation pour un conflit entre deux avions, la résolution efficace de ce problème sur des instances comportant plusieurs conflits peut s'avérer difficile (voir la section 2.2.2 ci-dessous pour une étude appronfondie de ce problème). Pour réduire les non-linéarités de notre fonction objectif, nous proposons de considérer l'inégalité (2.11). Nous avons vu que la contrainte de séparation des vols est violée si cette inégalité est vérifiée ; réciproquement, la séparation des vols f et f' au point d'intersection i est donc garantie si :

$$\Delta T \geq \frac{N}{v_f v_{f'} |\sin \theta|} \sqrt{v_f^2 - 2 \cos \theta v_f v_{f'} + v_{f'}^2}, \qquad (2.12)$$

L'inégalité ainsi obtenue décrit la condition de séparation requise au point i pour garantir l'élimination d'un conflit potentiel. Dans l'inégalité (2.12), la différence de temps de passage des vols est isolée des vitesses des vols. ΔT a potentiellement une forte influence sur la durée du conflit. En effet, si le vol f est initialement très éloigné du point i, de sorte que le vol f' passera, pour toute paire de vitesse des vols, suffisament plus tôt que f en i, il n'existe pas de conflit potentiel entre f et f' en i. Nous proposons donc de définir la *charge de conflit* comme suit :

Définition 2 (Charge de conflit d'une paire de vols). *Soit f et f' deux vols en conflit dont les trajectoires s'intersectionnent avec un angle $\theta \neq 0$. La charge de conflit $\Omega^i(v_f, v_{f'})$ entre f et f' est :*

$$\Omega^i : \mathbb{R} \times \mathbb{R} \to \mathbb{R}$$
$$(v_f, v_{f'}) \mapsto \left(\Gamma^i(v_f, v_{f'}) - |t_f^i - t_{f'}^i| \right)^+ \qquad (2.13)$$

où $(X)^+ = \max\{X, 0\}$ et la charge maximale de conflit $\Gamma^i(v_f, v_{f'})$ entre f et f' est :

$$\Gamma^i : \mathbb{R} \times \mathbb{R} \to \mathbb{R}$$
$$(v_f, v_{f'}) \mapsto \frac{N}{v_f v_{f'} |\sin \theta|} \sqrt{v_f^2 - 2 \cos \theta v_f v_{f'} + v_{f'}^2} \qquad (2.14)$$

La charge de conflit est une grandeur homogène au temps qui exprime le dégré de séparation de deux vols impliqués dans un conflit en croisement. En particulier, si $|t_f^i - t_{f'}^i| \geq \Gamma^i(v_f, v_{f'})$, alors $\Omega^i(v_f, v_{f'}) = 0$ et la séparation des vols f et f' en i est garantie. Nous proposons donc de considérer la minimisation de la charge de conflit comme fonction objectif pour notre modèle de réduction des conflits en croisement. Les fonctions $\Phi^i(v_f, v_{f'})$ et $\Omega^i(v_f, v_{f'})$ dépendent toutes les deux des vitesses des vols, cependant, contrairement à la fonction de coût basée sur la durée d'un conflit, celle basée sur la charge de conflit peut être décomposée en deux termes distincts :

- la fonction $\Gamma^i(v_f, v_{f'})$, qui représente l'intervalle de temps de passage minimum requis pour garantir la séparation des vols au point d'intersection,

- la différence de temps de passage $\Delta T = |t^i_f - t^i_{f'}|$, qui représente la différence de temps de passage des vols au point d'interserction.

Cette décomposition permet de faire apparaître simplement les temps de passages de vols, t^i_f et $t^i_{f'}$, qui sont les variables de décision que nous souhaitons utiliser pour formuler notre modèle. De plus, la décomposition permet de simplifier l'expression de la fonction dépendante des vitesses des vols : bien que non-linéaire, l'expression de $\Gamma^i(v_f, v_{f'})$ est plus compacte que celle de $\Phi^i(v_f, v_{f'})$. Comparée à la fonction $\Phi^i(v_f, v_{f'})$, la fonction $\Omega^i(v_f, v_{f'})$ semble plus simple à minimiser, cependant, pour valider l'usage de la charge de conflit comme critère d'optimisation pour notre modèle, nous proposons d'analyser le comportement de ces fonctions en comparant l'influence de ΔT sur ces fonctions de coût. Pour cela, nous fixons les vitesses des vols v_f et $v_{f'}$ et l'angle de confluence de leurs trajectoires θ. Par souci de clarté, nous notons simplement $\Phi(\Delta T)$ et $\Omega(\Delta T)$ les fonctions ainsi obtenues. Pour observer le comportement de ces fonctions de coûts en fonction de ΔT, nous choisissons de considérer trois angles d'intersection entre les trajectoires des vols : 45°, 90° et 135° ; et deux paires de vitesses des vols telles que : $\frac{v_f}{v_{f'}} = 1$ et $\frac{v_f}{v_{f'}} = 3/2$. La figure 2.3 regroupe l'ensemble des courbes obtenues pour chaque configuration. Dans chaque graphique la courbe rouge, qui représente l'évolution de la fonction $\Phi(\Delta T)$, est clairement concave. La courbe bleue, correspondant à la fonction $\Omega(\Delta T)$, en revanche est linéaire par morceaux. Lorsque l'angle d'intersection entre les trajectoires des vols est petit ($\theta = 45°$) la charge de conflit d'une paire de vols sous-estime la durée de ce conflit. Plus θ augmente, plus la charge de conflit surestime la durée de ce conflit. Globalement, le ratio entre les vitesses des vols n'a qu'une très faible incidence sur les fonctions de coûts, ce qui nous incite à penser que c'est la différence de temps de passage qui est véritablement le moyen d'action pour parvenir à réduire la charge, ainsi que la durée, d'un conflit en croisement. Idéalement la fonction de coût retenue pour notre approche devrait surestimer la durée des conflits plutôt que le contraire. Cela est justifié par le contexte du problème de la résolution des conflits aériens : il vaut mieux surestimer le risque d'une perte de séparation entre deux vols plutôt que le sous-estimer. Toutefois, comme la figure 2.3 le montre, la fonction de coût basée sur la durée des conflits en croisement est une fonction concave par rapport à ΔT. *A contrario* des fonctions convexes, il est difficile de surestimer efficacement une fonction concave. Considérons le modèle 1 conçu pour minimiser la durée d'un conflit en croisement.

43

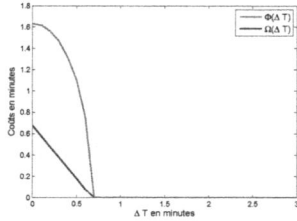

(a) $\theta = 45°$ et $\frac{v_f}{v_{f'}} = 1$

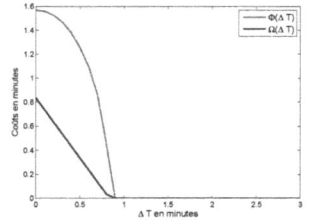

(b) $\theta = 45°$ et $\frac{v_f}{v_{f'}} = 3/2$

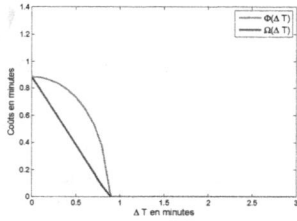

(c) $\theta = 90°$ et $\frac{v_f}{v_{f'}} = 1$

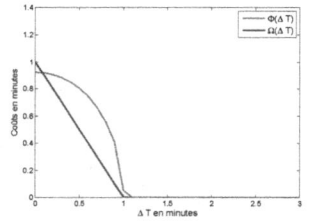

(d) $\theta = 90°$ et $\frac{v_f}{v_{f'}} = 3/2$

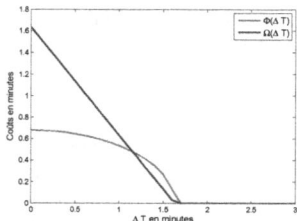

(e) $\theta = 135°$ et $\frac{v_f}{v_{f'}} = 1$

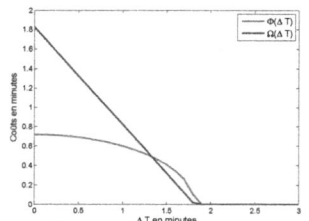

(f) $\theta = 135°$ et $\frac{v_f}{v_{f'}} = 3/2$

FIGURE 2.3 – Comparaison des fonctions $\Phi(\Delta T)$ et $\Omega(\Delta T)$.

Modèle 1 (Durée d'un conflit en croisement, PNL).

$$\boxed{\min \ \Phi^i(v_f, v_{f'})}$$

s.c. :

$$\underline{T}^i_f \leq t^i_f \leq \overline{T}^i_f$$
$$\underline{T}^i_{f'} \leq t^i_{f'} \leq \overline{T}^i_{f'}$$
$$t^i_f, t^i_{f'} \in \mathbb{R}$$

Les variables de décision du modèle 1 sont les temps de passages t^i_f et $t^i_{f'}$ qui sont liés aux vitesses des vols par la formule (2.4). Les contraintes du modèle 1 sont celles sur les temps de passage des vols énoncées par les inéquations (2.6). En remplaçant la fonction objectif du modèle 1 par la fonction $\Omega^i(v_f, v_{f'})$, nous obtenons le modèle 2 conçu pour minimiser la charge de conflit d'une paire de vols.

Modèle 2 (Charge de conflit, PNL).

$$\boxed{\min \ \Omega^i(v_f, v_{f'})}$$

Le modèle 2 possède les mêmes contraintes que le modèle 1. Pour poursuivre la comparaison des deux critères d'optimisation étudiés, nous proposons de les comparer sur des instances de benchmark.

Choix de l'objectif pour la minimisation des conflits en croisement : benchmarking

Le *benchmarking* dans le domaine de la résolution des conflits aériens ne s'est que très peu développé depuis son apparition, ainsi seulement quelques types d'instances ont été réellement étudiées. Le type d'instance le plus étudié est celui correspondant au problème du Cercle [59],[60],[61]. Dans ce problème des avions sont disposés sur un cercle et se dirigent vers son centre. Dans sa version originale ce problème a été conçu pour être résolu en utilisant des changements de cap, cependant il peut être adapté à la régulation de vitesse en confinant les vols sur un quart de cercle, cette variation empêche que deux vols se retrouvent face à face [45]. La symétrie du problème du

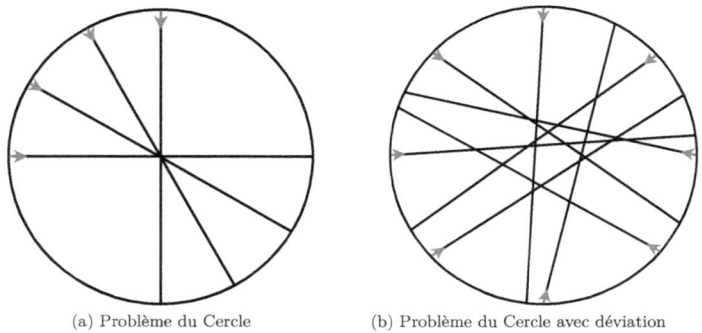

(a) Problème du Cercle   (b) Problème du Cercle avec déviation

FIGURE 2.4 – Représentations des instances de benchmark pour 4 (2.4a) et 8 (2.4b) avions respectivement

Cercle est une caractéristique à prendre en compte lors du *benchmarking* des modèles, ainsi dans une récente publication une version alétoire de ce problème a été présentée [62]. Pour casser la symmétrie du problème du Cercle, les auteurs proposent de dévier légèrement le cap des vols. Pour tester les modèles développés, nous proposons de considérer les deux problèmes suivants (voir figure 2.4) :

Problème du Cercle n_f avions sont placés de façon équidistante sur un quart de cercle : tous les vols se dirigent vers le centre et sont en conflit entre eux au centre du cercle, ainsi une instance à n_f vols contient $n_c = \frac{n_f(n_f-1)}{2}$ conflits en croisement.

Problème du Cercle avec déviation n_f avions sont placés de façon équidistante sur un cercle : leur cap est choisi aléatoirement avec un angle compris entre $\pm 30°$ par rapport au rayon du cercle.

La performance des modèles est évaluée en considérant le temps de calcul, l'objectif, la charge de conflit et la durée totale des conflits. Les modèles considérés sont des PNL, pour les résoudre nous utilisons le solveur IPOPT [63]. IPOPT implémente une méthode de point intérieur pour résoudre des programmes mixtes non-linéaires sur des problèmes d'optimisation de grande taille. Les instances utilisées ont été générés par une routine codée en C++ et le language de modélisation AMPL est utilisé pour coordonner les résolutions [64]. Pour les deux problèmes, le rayon du cercle est choisi égal à 100

			Problème du Cercle			
n_f	n_c	Modèle	Objectif	Temps(s)	Charge	Durée(min)
2	1	1	0.01*	0.11	0	0
		2	0	0.02	0	0
3	3	1	0.88*	0.02	1.17	0.58
		2	0	0.02	0	0
4	6	1	1.46*	0.02	2.08	2.61
		2	0	0.02	0	0
5	10	1	4.48*	0.02	3.81	3.78
		2	0	0	0	0
6	15	1	9.53*	0.02	5.91	8.29
		2	0	0.02	0	0
7	21	1	15.0*	0.02	8.57	14.39
		2	0	0.02	0	0
8	28	1	18.5*	0.02	10.49	18.17
		2	0	0.02	0	0
9	36	1	23.58*	0.03	13.88	22.9
		2	0.11	0.02	0.11	1.66
10	45	1	17.11**	0.08	17.47	38.67
		2	0.71	0.02	0.71	7.18

TABLE 2.1 – Performances des modèles pour réduire les conflits en croisement sur le problème du Cercle.

NM et les vitesses des vols comprises entre 6 NM/min et 9 NM/min. Dans ce contexte, il faut entre 11 et 17 minutes pour que les vols atteignent le centre du cercle. L'intervalle de variation de vitesse des vols correspond à des valeurs réalistes des vitesses des aéronefs (vols commerciaux). Les résultats obtenus sont présentés dans les tableaux [2] 2.1 et 2.2.

Sur les deux types d'instances étudiées, le modèle minimant la charge de conflit s'avère plus performant que le modèle pour minimiser la durée

---

2. Le symbole * désigne que IPOPT a eu des difficultées à évaluer une fonction ou ses dérivées pendant l'optimisation, le symbole ** désigne que IPOPT n'a pas réussi à converger vers un optimum.

		Problème du Cercle avec déviation aléatoire				
n_f	n_c	Modèle	Objectif	Temps(s)	Charge	Durée(min)
10	35	1	0.35*	0.03	3.42	3.9
		2	0	0.02	0	0
20	143	1	1.43*	0.02	34.3	15.4
		2	18.37	0.05	18.37	4.8
30	328	1	3.28*	0	64.4	37.5
		2	14.47	0.17	14.47	8.6
40	602	1	6.02*	0	136.4	75.3
		2	55.54	0.3	55.54	29.86
50	968	1	9.68*	0	181.6	194.9
		2	84.36	0.47	84.36	65.16
60	1,336	1	13.4*	0	261.5	203.5
		2	110.39	1.25	110.39	94.13
70	1,837	1	18.4*	0	1,565	327.3
		2	993.7	2.15	993.7	155.7
80	2,457	1	24.6*	0.02	620.3	530.2
		2	306.9	2.65	306.9	218.16
90	3,078	1	30.78*	0.02	701.1	579.2
		2	362.7	3.61	362.7	278.6
100	3,882	1	38.82*	0.02	736.6	808.1
		2	359.1	15.95	359.1	383.4

TABLE 2.2 – Performances des modèles pour réduire les conflits en croisement sur le problème du Cercle avec une déviation aléatoire entre ±30˚.

des conflits. En effet, au regard des deux indicateurs observé (la charge de conflit et la durée des conflits) la fonction de coût Ω^i est systématiquement plus performante que la fonction de coût Φ^i, et ce même pour minimiser la durée des conflits. Le temps de calcul requis est globalement du même ordre de grandeur pour les deux fonctions de coût, c'est-à-dire inférieur à la seconde. Nous rappelons que cependant que dans le cadre de l'optimisation non-linéaire, l'optimalité globale n'est pas garantie. Ainsi, bien que les résultats aient étés obtenus avec un temps relativement court, la qualité des solutions obtenues doit être analysée en comparant la performance de ces modèles avec des formulations permettant de garantir l'optimalité des solutions obtenues. Cette étude est présentée dans la section 3.2.1. Comme le montre le tableau 2.1, le modèle 2 permet de résoudre intégralement des instances comportant jusqu'à 8 avions (28 conflits), ce qui n'est pas le cas du modèle 1 qui ne parvient à résoudre intégralement que le cas à 2 avions. Pour toute les instances considérées, la formulation fortement non linéaire de la fonction de coût Φ^i est une source d'instabilité pour le solveur : pour chaque résolution du problème d'optimisation, l'évaluation des fonctions du modèle est compromise. Notons enfin que si la durée des conflits est systématiquement sous-estimée par la fonction de coût Ω^i, cela est du à l'angle d'intersection entre les trajectoires des vols. Tous les vols étant regroupés sur un quart de cercle, l'angle maximum entre deux vols est de 90°, or nous avons vu que pour ce type de conflit la charge de conflit sous-estime la durée des conflits (voir figure 2.3). Lorsqu'une déviation aléatoire des trajectoires des vols est appliquée (voir tableau 2.2), la structure du problème change considérablement : dans ce type d'instance, la plupart des conflits sont des conflits à deux avions - contrairement au problème original où tous les vols sont impliqués dans un conflit commun. Ainsi, bien que le nombre de conflits soit significativement supérieur avec ce type d'instance, le temps de calcul requis n'augmente que très faiblement : dans le cas où 100 avions sont considérés et 3,882 conflits sont observés, le temps de calcul des modèles ne dépasse pas 16 s. Sur ce type d'instance, plus proche des scénarios existants dans le trafic aérien, la charge de conflit excède plus fréquemment la durée totale des conflits que l'inverse ; ce qui témoigne de la diversité géométrique des conflits observés.

Cette étude portant sur des instances de benchmark suggère que la fonction de coût Ω^i s'adapte relativement bien au problème de la réduction des conflits. De plus, les difficultés numériques soulevées par la fonction de coût Φ^i démontrent les points faibles de celle-ci dans le cadre de l'optimisation sur des instances de grande taille. Nous choisissons donc d'utiliser la fonction de coût Ω^i comme fonction objectif pour notre modèle de réduction des conflits en croisement. La formulation non linéaire de l'expression de la charge de conflit (2.13) est toutefois un obstacle pour parvenir à optimiser *globalement* les vitesses des vols. Ainsi dans cette thèse nous nous attacherons à proposer une formulation linéaire en prévision de l'implémentation du modèle. Ce choix est motivé par l'existence de nombreux solveurs commerciaux très efficaces pour la PL (Programmation Linéaire) et la PLNE, garantissant ainsi des méthodes de résolution capables d'être mises en oeuvre sur des instances de grande taille. Pour cela, il est nécessaire de reformuler le modèle original. La forte non-linéarité provenant principalement de la fonction $\Gamma^i(v_f, v_{f'})$, nous proposons d'approximer cette fonction. Afin de garantir une résolution complète des conflits potentiels lorsque l'instance le permet, il est important d'envisager le pire scénario.

Borne supérieure et convexité

Dans la gestion du trafic aérien le doute n'est pas une option, la sécurité des vols est en effet la priorité absolue dans la hiérarchie décisionnelle. La résolution de conflits n'échappe pas à cette règle et bien que notre approche *a priori* puisse être surclassée par les contrôleurs, nous choisissons d'anticiper le pire scénario. A travers cette approche conservative, notre objectif est de garantir que si la charge de conflit est réduite à zéro lors de l'optimisation, le conflit n'a effectivement pas lieu. Cette approche, bien que pessimiste - il se peut qu'un conflit potentiel soit résolu par précaution - permet d'anticiper l'influence de l'incertitude dans la résolution des conflits aériens. Dans le cas présent, le pire cas correspond aux valeurs maximales de la fonction $\Gamma^i(v_f, v_{f'})$, pour lesquelles la charge de conflit est maximale ; il nous faut donc déterminer une borne supérieure sur cette fonction. Une première étape est d'étudier la convexité la fonction $\Gamma^i(v_f, v_{f'})$. Pour ce faire, nous proposons de considérer le changement de variable suggéré par Granger [9] qui consiste à utiliser le ratio des vitesses des vols :

$$(v_f, v_{f'}) \leftrightarrow (v_f, r) \quad \text{avec} \quad r = \frac{v_f}{v_{f'}} \tag{2.15}$$

Nous pouvons donc exprimer $\Gamma(v_f, r)$ comme suit :

$$\Gamma^i(v_f, r) = \frac{N}{v_f |\sin \theta|} \sqrt{r^2 - 2r \cos \theta + 1}$$

La propriété suivante démontre que la fonction $\Gamma^i(v_f, r)$ n'est pas convexe.

Propriété 1. $\Gamma^i(v_f, r)$ *n'est pas une fonction convexe.*

Démonstration. Une fonction est convexe si et seulement si sa matrice hessienne est semi-définie positive [65]. Supposons pour l'instant que : $0 < \theta \leq \frac{\pi}{2}$. Les dérivées partielles du premier ordre de $\Gamma^i(v_f, r)$ sont :

$$\frac{\partial \Gamma^i(v_f, r)}{\partial v_f} = \frac{-N}{v_f^2 |\sin \theta|} \sqrt{r^2 - 2r\cos\theta + 1}$$

$$\frac{\partial \Gamma^i(v_f, r)}{\partial r} = \frac{N}{v_f |\sin \theta|} \frac{r - \cos\theta}{\sqrt{r^2 - 2r\cos\theta + 1}}$$

et les dérivées partielles du second ordre sont donc :

$$\frac{\partial^2 \Gamma^i(v_f, r)}{\partial v_f^2} = \frac{2N}{v_f^3 |\sin \theta|} \sqrt{r^2 - 2r\cos\theta + 1}$$

$$\frac{\partial^2 \Gamma^i(v_f, r)}{\partial v_f \partial r} = \frac{-N}{v_f^2 |\sin \theta|} \frac{r - \cos\theta}{\sqrt{r^2 - 2r\cos\theta + 1}}$$

$$\frac{\partial^2 \Gamma^i(v_f, r)}{\partial r^2} = \frac{N}{v_f |\sin \theta|} \frac{1 - \cos^2\theta}{(r^2 - 2r\cos\theta + 1)^{3/2}}$$

La matrice hessienne de $\Gamma^i(v_f, r)$, $\mathbf{H}$, est telle que :

$$\mathbf{H} = \begin{pmatrix} \frac{\partial^2 \Gamma^i(v_f, r)}{\partial v_f^2} & \frac{\partial^2 \Gamma^i(v_f, r)}{\partial v_f \partial r} \\ \frac{\partial^2 \Gamma^i(v_f, r)}{\partial v_f \partial r} & \frac{\partial^2 \Gamma^i(v_f, r)}{\partial r^2} \end{pmatrix}$$

Pour déterminer si $\mathbf{H}$ est semi-définie positive il faut que les déterminants des sous-matrices, les mineurs, soient positifs. Comme $\frac{\partial^2 \Gamma^i(v_f, r)}{\partial v_f^2} \geq 0$, nous calculons le mineur d'ordre 2 de $\mathbf{H}$, qui est ici son déterminant :

$$|\mathbf{H}| = \frac{\partial^2 \Gamma^i(v_f, r)}{\partial v_f^2} \cdot \frac{\partial^2 \Gamma^i(v_f, r)}{\partial r^2} - \left(\frac{\partial^2 \Gamma^i(v_f, r)}{\partial v_f \partial r} \right)^2$$

$$= \frac{N^2}{v_f^4 |\sin \theta|^2} \left(\frac{2 - 2\cos^2\theta - (r - \cos\theta)^2}{r^2 - 2r\cos\theta + 1} \right)$$

Le signe de $|\mathbf{H}|$ dépend du terme entre parenthèses. Soit Δ_2 le discriminant de l'équation du second ordre $r^2 - 2r\cos\theta + 1 = 0$ (au dénominateur) :

$$\Delta_2 = 4\cos^2\theta - 4 = 4(\cos^2\theta - 1)$$

Par hypothèse $0 < \theta < \pi$, donc $\Delta_2 < 0$. Par conséquent le dénominateur du terme entre parenthèses est strictement positif. Le signe de $|\mathbf{H}|$ dépend donc de l'équation quadratique du numérateur : $2 - 2\cos^2\theta - (r - \cos\theta)^2 = -r^2 + 2\cos\theta\, r - 3\cos^2\theta + 2$; soit Δ_3 son discriminant :

$$\Delta_3 = 4\cos^2\theta - 4(3\cos^2\theta - 2) = 8(1 - \cos^2\theta) > 0$$

Ainsi le numérateur possède des racines et $\mathbf{H}$ n'est pas semi-définie positive. La fonction $\Gamma(v_f, r)$ n'est donc pas convexe.

$\square$

La non-convexité de la fonction $\Gamma^i(v_f, r)$ implique celle de $\Gamma^i(v_f, v_{f'})$. Afin de développer un formalisme efficace d'un point de vue computationnel, nous souhaitons exprimer notre modèle pour réduire les conflits en croisement à l'aide d'opérateurs facilement linéarisables. Cette étape est indispensable pour considérer des instances de plus grande taille ou plusieurs vols sont susceptibles d'être en conflit potentiel simultanément. Le changement de variable utilisé ci-dessus (voir équation (2.15)) nous a permis d'exprimer la charge de conflit comme une fonction de v_f et r que nous rappelons ici :

$$\Gamma^i(v_f, r) = \frac{N}{v_f |\sin\theta|} \sqrt{r^2 - 2r\cos\theta + 1} \tag{2.16}$$

Cette formulation nous permet également d'isoler les variables v_f et r, ainsi nous définissons la fonction $\varphi : \mathbb{R} \to \mathbb{R}$ comme

$$\varphi(r) = \sqrt{r^2 - 2r\cos\theta + 1}$$

La fonction $\varphi(r)$ est clairement convexe et donc ses maximas sont les images des bornes minimale et maximale du domaine de définition de la variable $r = \frac{v_f}{v_{f'}}$. Nous rappelons que : $\forall f \in \mathcal{F} : \underline{V}_f \leq v_f \leq \overline{V}_f$, ainsi le domaine de définition de r est :

$$r \in [\underline{R}, \overline{R}] \quad \text{avec} \quad \begin{cases} \underline{R} &= \underline{V}_f/\overline{V}_{f'} \\ \overline{R} &= \overline{V}_f/\underline{V}_{f'} \end{cases}$$

Soit $\overline{\varphi}$ le maximum de la fonction $\varphi(r)$:

$$\overline{\varphi} = \max_{r \in [\underline{R}, \overline{R}]} \{\varphi(r)\} = \max\left\{\varphi(\underline{R}), \varphi(\overline{R})\right\}$$

Une approximation possible pour la charge maximale de conflit consiste donc à reformuler la fonction $\Gamma^i(v_f, r)$ (2.16) en fixant la variable r. Considérons la fonction :

$$\Gamma^i(v_f, R) = \frac{N}{v_f |\sin \theta|} \cdot \overline{\varphi} \qquad (2.17)$$

avec $R \in [\underline{R}, \overline{R}]$ le ratio des vitesses des vols pour lequel le maximum de $\varphi(r)$ est atteint : $\varphi(R) = \overline{\varphi}$. La présence de v_f au dénominateur nous invite à convertir cette grandeur en temps de passage. Pour cela, nous introduisons la fonction suivante.

Définition 3 (Approximation de la charge maximale de conflit d'une paire de vols). *Soit f et f' deux vols en conflit dont les trajectoires s'intersectent avec un angle $\theta \neq 0$. Une approximation de la charge maximale de conflit $\Lambda_f^i(t_f^i)$ entre f et f' est :*

$$\Lambda_f^i : \mathbb{R} \to \mathbb{R}$$
$$t_f^i \mapsto (t_f^i - t_f^{i-}) \frac{N \cdot \overline{\varphi}}{D_f^i \cdot |\sin \theta|} \qquad (2.18)$$

Λ_f^i *approxime la charge maximale de conflit entre les vols f et f' au point i, en fonction du temps de passage du vol f en i, t_f^i.*

$\Lambda_f^i(t_f^i)$ est linéaire par rapport à la variable de décision t_f^i. Cependant, de façon à ne pas privilégier l'un des deux vols en conflit lors de l'optimisation, il est important de considérer le changement de variable réciproque ; celui où la vitesse du vol f' est isolée. Soit $r' = \frac{v_{f'}}{v_f}$. Dans ce cas de figure, le domaine de définition de r' est :

$$r' \in [\underline{R'}, \overline{R'}] \quad \text{avec} \quad \begin{cases} \underline{R'} = \underline{V}_{f'}/\overline{V}_f \\ \overline{R'} = \overline{V}_{f'}/\underline{V}_f \end{cases}$$

et nous définissons la borne supérieure $\overline{\varphi}'$:

$$\overline{\varphi}' = \max_{r' \in [\underline{R'}, \overline{R'}]} \{\varphi(r')\} = \max \{\varphi(\underline{R'}), \varphi(\overline{R'})\}$$

La charge maximale de conflit peut alors être approximée par la fonction $\Lambda_{f'}^i$:

$$\Lambda_{f'}^i(t_{f'}^i) = (t_{f'}^i - t_{f'}^{i-}) \frac{N \cdot \overline{\varphi}'}{D_{f'}^i \cdot |\sin \theta|} \qquad (2.19)$$

Ce qui nous conduit à la propriété ci-dessous.

Propriété 2. *Soit* f *et* f' *deux vols en conflit potentiel en* i. *Les fonctions* Λ_f^i *et* $\Lambda_{f'}^i$ *sont des bornes supérieures sur la charge maximale de conflit d'une paire de vols.*

Démonstration. Soit $r = \frac{v_f}{v_{f'}}$, $\forall f, f' \in \mathcal{F} \times \mathcal{F}, i \in \mathcal{N}$:

$$\overline{\varphi} \geq \varphi(r)$$

$$(t_{f'}^i - t_{f'}^{i-}) \frac{N \cdot \overline{\varphi}}{D_f^i \cdot |\sin\theta|} \geq (t_{f'}^i - t_{f'}^{i-}) \frac{N \cdot \varphi(r)}{D_f^i \cdot |\sin\theta|}$$

$$\Lambda_f^i(t_f^i) \geq \frac{N \cdot \varphi(r)}{v_f \cdot |\sin\theta|}$$

$$\Lambda_f^i(t_f^i) \geq \Gamma^i(v_f, r)$$

$\square$

Les équations (2.18) et (2.19) ne dépendent respectivement que d'un vol et correspondent donc chacune à une réduction indépendante de la charge de conflit d'une paire de vols. Naturellement, c'est la borne supérieure la plus faible qui permet de favoriser la minimisation, nous définissons donc la fonction $\Lambda_{ff'}^i : \mathbb{R} \times \mathbb{R} \to \mathbb{R}$ comme suit :

$$\Lambda_{ff'}^i(t_f^i, t_{f'}^i) = \min\left\{\Lambda_f^i(t_f^i), \Lambda_{f'}^i(t_{f'}^i)\right\} \tag{2.20}$$

La fonction objectif du modèle 2 peut être reformulée avec en remplaçant la fonction $\Gamma^i(v_f, v_{f'})$ par la fonction $\Lambda_{ff'}^i(t_f^i, t_{f'}^i)$, nous conduisant au modèle 3 présenté ci-dessous.

Modèle 3 (Approximation de la charge de conflit, PNL).

$$\boxed{\min\left(\Lambda_{ff'}^i(t_f^i, t_{f'}^i) - |t_f^i - t_{f'}^i|\right)^+}$$

Le modèle 3 possède les mêmes contraintes que les modèles 1 et 2. Le modèle 3 est exprimé avec les opérateurs non linéaires : max, min et $|\cdot|$. Ces opérateurs peuvent être linéarisés avec des techniques issues de la programmation mathématique, permettant de reformuler ce modèle comme un PLNE. Ce travail est effectué dans le chapitre suivant qui est consacré à l'extension de notre approche à l'ensemble du trafic aérien. Pour valider l'approximation faite sur la charge maximale de conflit et positionner ce nouveau critère par rapport aux fonctions Φ^i et Ω^i, nous proposons de tracer ces trois critères en fonction des vitesses de deux vols en conflit. Nous considérons un cas de figure réaliste où deux vols en phase de croisière évoluant à $37,000$ ft se dirigent vers un point de conflit. Similairement à l'étude menée précedemment sur la durée d'un conflit et la charge de conflit d'une paire de vols, nous considérons trois angles d'intersection entre leurs trajectoires : $45°$, $90°$ et $135°$. Nous choisissons d'imposer une faible régulation de vitesse, c'est-à-dire que la vitesse de croisière des vols peut être modulée dans l'intervalle $[-6\%, +3\%]$; deux scénarios sont étudiés.

- Dans le premier cas, deux Boeing 737 sont considérés, à $37,000$ ft la vitesse de croisière d'un Boeing est 447 NM/h. Les vitesses des vols sont donc bornées entre 420 NM/h et 460 NM/h.

- Dans le deuxième cas, un Boeing 737 et un Airbus 330 sont considérés, à $37,000$ ft la vitesse de croisière d'un Airbus est 470 NM/h. La vitesse de l'A330 est donc bornée entre 442 NM/h et 484 NM/h.

Dans ce contexte, il faut entre 12 et 14 minutes pour que les vols atteignent le point de conflit, en fonction de la vitesse adoptée. La figure 2.5 montre les surfaces obtenues pour les trois critères étudiés dans cette section : en rouge la durée d'un conflit ($\Phi^i(v_f, v_{f'})$), en bleu la charge de conflit d'une paire de vols ($\Omega^i(v_f, v_{f'})$) et en vert l'approximation de la charge de conflit d'une paire de vols ($\Lambda^i_{ff'}(t^i_f, t^i_{f'}) - \Delta T$). Conformément à l'approche mathématique, l'approximation de la charge de conflit surestime la charge de conflit. Ceci est une conséquence immédiate de la propriété 2. L'influence de l'angle d'intersection sur la position relative des surfaces est également conforme aux résultats présentés dans la figure 2.3 : plus l'angle d'intersection est petit, plus l'approximation de la charge de conflit d'une paire de vols sous-estime la durée de ce conflit et inversement. Notons qu'avec un angle de $135°$ et deux aéronefs identiques, il n'existe pas de solution permettant d'éliminer le conflit potentiel. Alors que des conflits à plusieurs avions peuvent être résolus par des manoeuvres d'évitement telles que le changement de cap ou d'altitude en moins de 12 minutes [25], cet exemple souligne la difficulté du problème de la minimisation des conflits par la régulation de vitesse subliminale. Lorsque deux intervalles de modulation de vitesse distincts - ou lorsque les vols ne sont pas équidistants du point de conflit - l'impact de l'ordre de passage des vols au point de conflit n'est plus symétrique : dans notre exemple le conflit potentiel peut être éliminé si l'A330 passe en premier mais la réciproque n'est pas vraie.

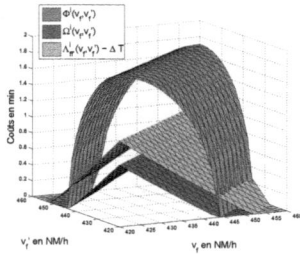

(a) $\theta = 45°$ - deux Boeing 737

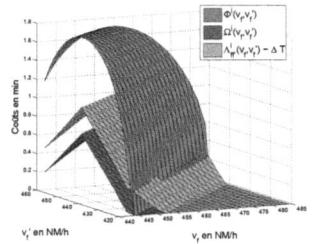

(b) $\theta = 45°$ - un Boeing 737 et un Airbus 330

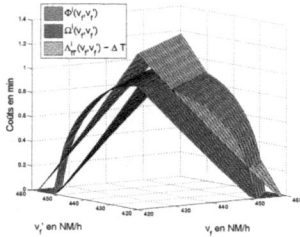

(c) $\theta = 90°$ - deux Boeing 737

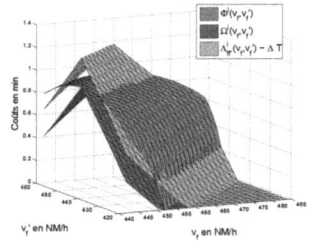

(d) $\theta = 90°$ - un Boeing 737 et un Airbus 330

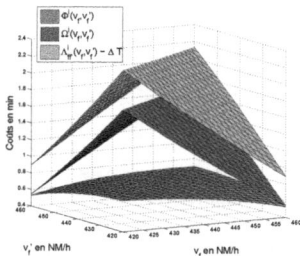

(e) $\theta = 135°$ - deux Boeing 737

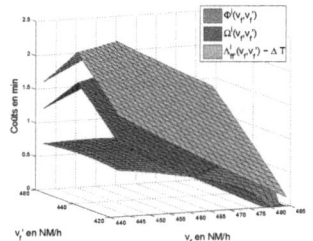

(f) $\theta = 135°$ - un Boeing 737 et un Airbus 330

FIGURE 2.5 – Comparaison des fonctions objectifs pour différents types d'aéronefs en conflit et plusieurs configurations géométriques. Les aéronefs volent à $37,000$ ft et sont distants de 100 NM du point de conflit.

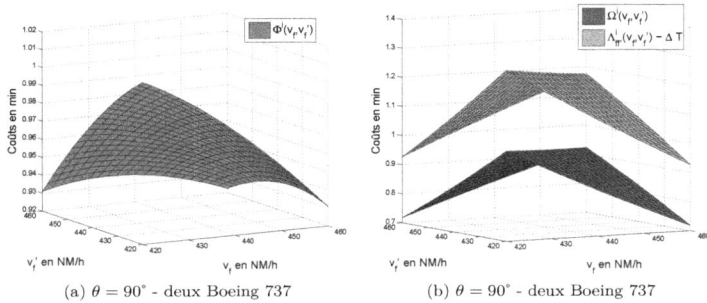

(a) $\theta = 90°$ - deux Boeing 737   (b) $\theta = 90°$ - deux Boeing 737

FIGURE 2.6 – Comparaison des fonctions objectifs : les aéronefs volent à $37,000$ ft et sont distants de 20 NM du point de conflit.

Soulignons enfin que dans l'ensemble des configurations géométriques observées les minimas des surfaces se situent toujours aux extrémités min-max du domaine de recherche : les optimums des fonctions de coûts sont atteints lorsqu'un vol accélère et l'autre ralenti. Ce résultat suggère que dans des scénarios réalistes, les meilleures solutions ne consistent pas à accélérer les deux vols en conflit afin de réduire sa durée ou la charge de conflit associée. Pour confirmer cette hypothèse, il nous faut considérer des scénarios extrêmes où il n'existe pas de solutions permettant d'éliminer les conflits potentiels. De plus, seuls les scénarios où deux aéronefs ayant les mêmes intervalles de modulation de vitesse sont équisdistants du point de conflit sont susceptibles de produire de tels résultats. La figure 2.6 montre un scénario qui affecte uniquement la durée des conflits [3] : dans cet exemple les trajectoires des vols s'intersectionnent avec un angle égal à 90° et les vols se trouvent à 20 NM du point de conflit, il leur faut donc - au maximum - un peu moins de 3 minutes l'atteindre. La durée minimale du conflit est alors atteinte en accélérant les deux vols, tandis que les autres deux critères réagissent de façon "classique". Bien qu'il s'agisse là d'un scénario extrême, ce résultat renforce notre choix d'utiliser la charge de conflit comme critère d'optimisation. En effet, la décomposition de ces critères - $\Omega^i = \Gamma^i(t_f^i, t_{f'}^i) - \Delta T$ et $\Lambda_{ff'}^i(t_f^i, t_{f'}^i) - \Delta T$

---

3. Les surfaces des critères ont été tracés sur différents graphiques pour permettre une meilleure visibilité.

- oriente l'optimisation vers des solutions visant à augmenter la différence de temps de passage des vols au point de conflit. En pratique cependant, ce type de problème peut être facilement coutourné en définissant un seuil en-deçà duquel les conflits potentiels détecté ne sont pas traités.

Cette étude valide donc le critère d'optimisation retenu, l'approximation de la charge de conflit, et l'usage du modèle 3 pour traiter les conflits en croisement. Dans la section suivante, nous traitons le cas des conflits en poursuite.

2.2.3   Conflit en poursuite

Lorsque deux vols suivent une même route aérienne, pour une partie ou l'ensemble de leur trajet, les risques de perte de séparation sont tout autant réels. Dans la pratique, ces conflits potentiels, bien que moins fréquents que les conflits en croisement, sont aisément traités par les contrôleurs aériens qui peuvent proposer une manoeuvre de dépassement (horizontale ou verticale) si le poursuivant se rapproche progressivement de son leader. Dans le cadre de la régulation de vitesse, les possibilités sont bien plus limitées : il n'est pas toujours possible de séparer deux vols évoluant dans la même direction pendant une longue période de temps ; en particulier si le poursuivant s'avère nettement plus rapide que le leader. Et dans les cas où cela est possible, on est en droit de se demander si le coût engendré par une sévère régulation de vitesse (le leader accéléré et le poursuivant ralenti) est justifié. Dans de tels scénarios, il est peut être plus sage de laisser la main au contrôleur aérien, à défaut de pouvoir proposer des manoeuvres d'évitement. En revanche, il existe des cas de figure où la régulation de vitesse peut fournir, à l'instar du cas des conflits en croisement, des solutions efficaces. Lorsque deux vols empruntent la même trajectoire sur une partie de leur route, il est possible de déplacer la zone de conflit après ou avant le segment commun. La méthode proposée dans cette section reprend la méthodologie employée dans la section précédente pour déterminer un modèle adapté aux conflits en poursuite. Une particularité de cette approche consiste à introduire une contrainte destinée à prévenir tout dépassement, ce qui conduirait à une potentielle collision. Dans cette section, nous cherchons donc à exprimer la durée d'un conflit en entre deux vols en poursuite sur un segment $S = [i, j]$. Nous considérons d'abord le cas d'une poursuite sur un segment infini, puis nous nous restreindrons au cas d'un segment fini et avant d'adapter la formulation de notre modèle de façon à interdire les dépassements.

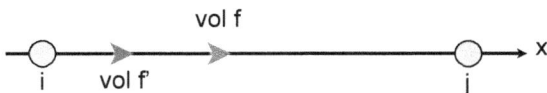

FIGURE 2.7 – Configuration géométrique de référence pour l'étude des conflits en poursuite.

Soient f et f' deux vols évoluant dans la même direction sur l'axe des abcisses, la configuration géométrique de référence est présentée figure 2.7. En reprenant les équations cinématiques (2.7) avec $\theta = 0$, nous obtenons les équations suivantes :

$$\begin{cases} x_f(t) & = v_f t \\ x_{f'}(t) & = v_{f'}(t - \Delta T) \end{cases}$$

Remarque 1. *Le cas où deux vols évoluent sur le même axe dans des directions opposées ($\theta = \pi$) n'est pas traité dans cette approche car la régulation de vitesse n'est pas en mesure de résoudre de tels conflits. Dans le monde opérationnel, ce cas de figure est de toute manière proscrit par les règles de l'air [66].*

Pour déterminer la contrainte de séparation associée aux conflits en poursuite, il nous faut résoudre l'équation suivante :

$$|x_f(t) - x_{f'}(t)| = N \qquad (2.21)$$

Supposons que les vitesses des vols soient différentes, $v_f \neq v_{f'}$; si $x_f(t) \geq x_{f'}(t)$ alors l'équation :

$$v_f t - v_{f'}(t - \Delta T) = N$$

admet comme racines

$$t = \frac{N - v_{f'}\Delta T}{v_f - v_{f'}} = \frac{-N + v_{f'}\Delta T}{v_{f'} - v_f}$$

Reciproquement, si $x_f(t) \leq x_{f'}(t)$:

$$t = \frac{N + v_{f'}\Delta T}{v_{f'} - v_f}$$

Les racines de (2.21) sont donc :

$$\{t^b, t^e\} = \frac{\pm N + v_{f'}\Delta T}{v_{f'} - v_f} \tag{2.22}$$

avec $t^b \leq t^e$ les instants de début et de fin de perte de séparation. Nous pouvons donc déterminer le temps de conflit entre deux vols évoluant à vitesses différentes sur un segment infini. Soit $t_\infty \in \mathbb{R}$ cette quantité :

$$t_\infty = t^b - t^e = \frac{2N}{|v_{f'} - v_f|} \tag{2.23}$$

La valeur de t_∞ dépend de la différence entre les vitesses des vols. Lorsque $v_f \to v_{f'}$, il est clair que t_∞ tend vers l'infini. Supposons dorénavant que les vols partagent le segment $S = [i, j]$, délimité par deux balises appartenant aux trajectoires des vols f et f'. Afin de déterminer le temps de conflit en poursuite sur le segment S, nous définissons les instants t^i et t^j tels que :

$$\begin{cases} t^i &= \max(t^i_f, t^i_{f'}) \\ t^j &= \min(t^j_f, t^j_{f'}) \end{cases}$$

Ainsi, $\forall t \in [t^i, t^j]$ les vols f et f' sont présents sur le segment $[i, j]$. Le temps de conflit dépend alors des positions relatives des intervalles $[t^b, t^e]$ et $[t^i, t^j]$. En particulier, si le début de la perte de séparation a lieu *avant* le début du segment commun, soit si $t^b \leq t^i$, il faut retrancher une partie du temps de conflit total (t_∞). De même, si la fin de la perte de séparation se tient *après* la fin du segment commun, soit si $t^e \geq t^j$, il faut également tronquer le segment $[t^b, t^e]$. Pour déterminer la durée d'un conflit en poursuite, nous proposons la formulation suivante.

Propriété 3. *Soit f et f' deux vols impliqués dans un conflit potentiel en poursuite sur le segment $S = [i, j]$ et $\rho^S \in \mathbb{R}$ tel que :*

$$\rho^S = \left(t_\infty - (t^i - t^b)^+ - (t^e - t^j)^+ \right)^+ \tag{2.24}$$

ρ^S représente la durée du conflit en poursuite sur le segment S.

Démonstration. Nous distinguons les différents cas de figures :

1. Si $t^i \leq t^b$ et $t^e \leq t^j$, les instants de début et fin de conflit sont compris dans l'intervalle $[t^i, t^j]$ (voir figure 2.8a), alors :

$$\rho^S = (t_\infty)^+ = t^e - t^b$$

ce qui correspond à la durée maximale du conflit sur un segment infini.

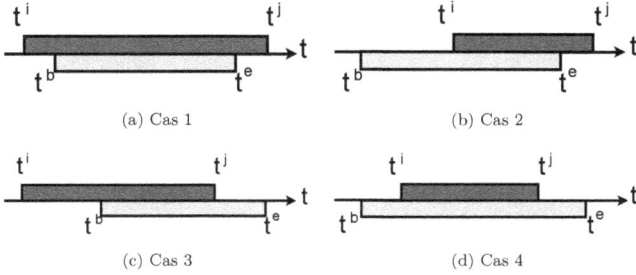

(a) Cas 1   (b) Cas 2

(c) Cas 3   (d) Cas 4

FIGURE 2.8 – Les différents conflits en poursuite sur un segment infini

2. Si $t^i > t^b$ et $t^e \leq t^j$, la perte de séparation a lieu *avant* l'instant où les deux vols sont présents sur le segment commun (voir figure 2.8b) :

$$\rho^S = \left(t_\infty - t^i + t^b\right)^+ = (t^e - t^i)^+$$

ce qui correspond à l'intervalle de temps entre l'instant où les deux vols sont sur $[i, j]$ et l'instant de fin de conflit. Si la fin du conflit a lieu avant le début du segment $[i, j]$, la durée du conflit est nulle.

3. Si $t^i \leq t^b$ et $t^e > t^j$, la fin de la perte de séparation a lieu *après* l'instant où l'un des deux vols quittent le segment commun (voir figure 2.8c) :

$$\rho^S = \left(t_\infty - t^e + t^j\right)^+ = (t^j - t^b)^+$$

ce qui correspond à l'intervalle de temps entre le début du conflit et l'instant où l'un des deux vols quittent $[i, j]$. Si la fin du conflit a lieu après le début du segment $[i, j]$, la durée du conflit est nulle.

4. Si $t^i > t^b$ et $t^e > t^j$, l'intervalle formé par les instants de début et fin de conflit contient l'intervalle $[t^i, t^j]$ (voir figure 2.8d) :

$$\rho^S = \left(t_\infty - t^i + t^b - t^e + t^j\right)^+ = t^j - t^i$$

ce qui correspond à la durée maximale du conflit sur le segment $[i, j]$.

$\square$

L'équation (2.24) permet de déterminer le temps de conflit en poursuite sur un segment commun mais ne tient pas compte d'un éventuel dépassement entre les vols. Dans certains cas de figure où la durée d'un conflit ne peut être réduite à zéro, la durée d'un conflit peut être réduite en accélérant le poursuivant tout en ralentissant le leader. Dans cette configuration, les vols sont amenés à se dépasser, ce qui, bien que réduisant potentiellement la durée de conflit, n'est pas acceptable dans notre modèle. Pour remédier à ce problème, nous proposons d'interdire les dépassements en appliquant une politique FIFO (*First In, First Out*) sur le segment de vol commun. En agissant de la sorte, nous garantissons qu'aucun dépassement ne peut se produire tout en guidant l'optimisation vers des solutions plus adaptées. L'usage d'une politique FIFO dans notre modèle est susceptible d'empêcher l'élimination de certains conflits potentiels, par exemple, si le poursuivant ne peut être suffisament ralenti (et le leader accéléré) pour prévenir un éventuel rattrapage. Avec cette approche, le temps de conflit dépend directement de la différence entre les vitesses des vols. Soit v_l la vitesse du leader et v_p la vitesse du poursuivant, nous rappelons que les vitesses des vols sont considérées comme constantes sur le segment considéré, ainsi nous distinguons trois cas de figure :

Si $v_l = v_p$ **:** les vols évoluent à la même vitesse, le temps de conflit dépend de leur position relative au point i, dès lors, si :

$$\frac{N}{v_p} \geq |t_f^i - t_{f'}^i| \tag{2.25}$$

les vols sont déjà en conflit en i et par conséquent la durée du conflit est égale à :

$$\rho^S = t^j - t^i$$

Dans le cas contraire, si la séparation est assurée en i, la durée du conflit est nulle.

Si $v_l > v_p$ **:** le leader est le plus rapide lorsque le conflit est détecté, ce qui signifie que l'instant de perte de séparation est antérieur au début du conflit, ainsi $t^b \leq t^i$ et l'instant de début du conflit, si le conflit se produit sur le segment $[i, j]$, est t^i. En utilisant l'équation (2.24) nous obtenons :

$$\rho^S = \left(t^e - t^b - t^i + t^b - (t^e - t^j)^+\right)^+ = \left(t^e - t^i - (t^e - t^j)^+\right)^+$$

ce qui est équivalent à :

$$\rho^S = \left(\min(t^e - t^i, t^j - t^i)\right)^+$$

Si $v_l < v_p$: le poursuivant est le plus rapide, la contrainte FIFO impose que le conflit se propage jusqu'au bout de l'intervalle $[t^i, t^j]$. Par conséquent, si le conflit à lieu sur le segment $[i, j]$, il se termine à l'instant t^j, ainsi $t^e \geq t^j$. En utilisant l'équation (2.24) nous obtenons :

$$\rho^S = \left(t^e - t^b - (t^i - t^b)^+ - t^e + t^j \right)^+ = \left(t^j - t^b - (t^i - t^b)^+ \right)^+$$

ce qui est équivalent à :

$$\rho^S = \left(\min(t^j - t^b, t^j - t^i) \right)^+$$

Pour conclure la formulation de notre modèle de poursuite, il faut introduire une contrainte FIFO. Celle-ci peut intuitivement s'exprimer comme suit :

$$sgn(t_f^i - t_{f'}^i) = sgn(t_f^j - t_{f'}^j) \tag{2.26}$$

où $sgn(x)$ est la fonction signe qui vaut -1 si $x < 0$ et 1 si $x \geq 0$. La contrainte 2.26 fixe l'ordre de passage des vols f et f' aux points i et j tel qu'un dépassement ne peut avoir lieu. La formulation ainsi obtenue est présentée dans le modèle 4.

Modèle 4 (Durée des conflits en poursuite, PNL).

$$\boxed{\min \rho^S}$$

s.c. :

$$\underline{T}_f^i \leq t_f^i \leq \overline{T}_f^i$$

$$\underline{T}_{f'}^i \leq t_{f'}^i \leq \overline{T}_{f'}^i$$

$$\rho^S = \begin{cases} t^j - t^i & si \ \frac{N}{v_p} \geq |t_f^i - t_{f'}^i| \\ 0 & sinon \end{cases} \qquad si \ v_l = v_p$$

$$\rho^S = \left(\min(t^e - t^i, t^j - t^i) \right)^+ \quad si \ v_l > v_p$$

$$\rho^S = \left(\min(t^j - t^b, t^j - t^i) \right)^+ \quad si \ v_l < v_p$$

$$sgn(t_f^i - t_{f'}^i) = sgn(t_f^j - t_{f'}^j)$$

$$t_f^i, t_{f'}^i, t_f^j, t_{f'}^j, \rho^S \in \mathbb{R}$$

La formulation obtenue est non-linéaire car les contraintes sur la durée du conflit dépendent des vitesses des vols ainsi que du leadership du conflit, mais également car les différentes expressions de ρ^S dépendent non-linéairement des temps de passages des vols. En particulier, l'expression des instants de début et de fin de perte de séparation t^e et t^b est fortement non-linéaire par rapport aux variables de décision t_f^i, $t_{f'}^i$. Similairement à l'approche adoptée pour la résolution des conflits en croisement, nous proposons d'approximer le modèle original en considérant le pire scénario. Dans le cadre d'un conflit en poursuite, le pire scénario se produit lorsque le poursuivant vole à sa vitesse maximale et le leader à sa vitesse minimale. Ceci est d'autant plus vrai en raison de la contrainte FIFO que nous souhaitons imposer sur segment de vol partagé - sans contrainte FIFO, la durée du conflit peut être réduite en provoquant un dépassement. Pour le reste de cette section nous considérerons que le leader vole à sa vitesse minimale et le poursuivant à sa vitesse maximale. Nous introduisons ainsi la vitesse minimale du leader $\underline{V}_l$, et la vitesse maximale du poursuivant $\overline{V}_p$, qui sont définies comme suit :

$$\underline{V}_l = \begin{cases} \underline{V}_f & \text{si } f \text{ leader} \\ \underline{V}_{f'} & \text{sinon} \end{cases} \qquad \overline{V}_p = \begin{cases} \overline{V}_f & \text{si } f' \text{ leader} \\ \overline{V}_{f'} & \text{sinon} \end{cases}$$

Les contraintes du modèle 4 peuvent alors être reformulées en intégrant ces quantités. En particulier, les expressions analytiques des instants t^b et t^e (voir formule (2.22)) ne sont pas linéaires par rapport aux vitesses des vols et peuvent être reformulées avec en utilisant les vitesses minimales et maximales des vols. Soient $\tau_f^{i,b}$ et $\tau_f^{i,e}$ (resp. $\tau_{f'}^{i,b}$ et $\tau_{f'}^{i,e}$) les instants de début et fin de conflit lorsque f (resp. f') est le leader ; au sens du pire scénario, nous obtenons :

$$f \text{ leader :} \begin{cases} \tau_f^{i,b} &= \min\left(\dfrac{-N+\overline{V}_{f'}(t_{f'}^i-t_f^i)}{\overline{V}_{f'}-\underline{V}_f}, \dfrac{N+\overline{V}_{f'}(t_{f'}^i-t_f^i)}{\overline{V}_{f'}-\underline{V}_f}\right) \\[2mm] \tau_f^{i,e} &= \max\left(\dfrac{-N+\overline{V}_{f'}(t_{f'}^i-t_f^i)}{\overline{V}_{f'}-\underline{V}_f}, \dfrac{N+\overline{V}_{f'}(t_{f'}^i-t_f^i)}{\overline{V}_{f'}-\underline{V}_f}\right) \end{cases}$$

$$f' \text{ leader :} \begin{cases} \tau_{f'}^{i,b} &= \min\left(\dfrac{-N+\underline{V}_{f'}(t_f^i-t_{f'}^i)}{\underline{V}_{f'}-\overline{V}_f}, \dfrac{N+\underline{V}_{f'}(t_f^i-t_{f'}^i)}{\underline{V}_{f'}-\overline{V}_f}\right) \\[2mm] \tau_{f'}^{i,e} &= \max\left(\dfrac{-N+\underline{V}_{f'}(t_f^i-t_{f'}^i)}{\underline{V}_{f'}-\overline{V}_f}, \dfrac{N+\underline{V}_{f'}(t_f^i-t_{f'}^i)}{\underline{V}_{f'}-\overline{V}_f}\right) \end{cases}$$

pour exprimer ces quantités dans le cas général, nous définissons τ^b et τ^e comme suit :

$$\tau^b = \begin{cases} \tau_f^{i,b} & \text{si } f \text{ leader} \\ \tau_{f'}^{i,b} & \text{sinon} \end{cases} \quad \text{et} \quad \tau^e = \begin{cases} \tau_f^{i,e} & \text{si } f \text{ leader} \\ \tau_{f'}^{i,e} & \text{sinon} \end{cases}$$

La formulation obtenue en utilisant les vitesses de type pire-cas est présentée dans le modèle 5.

Modèle 5 (Approximation de la durée des conflits en poursuite, PNL).

$$\boxed{\min \rho^S}$$

s.c. :

$$\underline{T}_f^i \leq t_f^i \leq \overline{T}_f^i$$

$$\underline{T}_{f'}^i \leq t_{f'}^i \leq \overline{T}_{f'}^i$$

$$\rho^S = \begin{cases} t^j - t^i & si \ \frac{N}{V_p} \geq |t_f^i - t_{f'}^i| \\ 0 & sinon \end{cases} \quad si \ \underline{V}_l = \overline{V}_p$$

$$\rho^S = \left(\min(\tau^e - t^i, t^j - t^i)\right)^+ \quad si \ \underline{V}_l > \overline{V}_p$$

$$\rho^S = \left(\min(t^j - \tau^b, t^j - t^i)\right)^+ \quad si \ \underline{V}_l < \overline{V}_p$$

$$sgn(t_f^i - t_{f'}^i) = sgn(t_f^j - t_{f'}^j)$$

$$t_f^i, t_{f'}^i, \rho^S \in \mathbb{R}$$

A l'instar de la reformulation du modèle pour la minimisation de la durée d'un conflit en croisement 3, le modèle 5 bien que non-linéaire, est formulé avec les opérateurs max, min et $|\cdot|$ pouvant être reformulés avec des techniques issues de la programmation mathématique. Dans la section suivante, nous montrons comment les modèles pour la résolution des conflits en croisement et en poursuite s'articulent lorsqu'une paire de vols est déclarée en conflit potentiel dans ces deux types de conflit simultanément.

2.2.4 Continuité géométrique

Dans cette section nous considérons le cas où des vols qui sont à la fois impliqués dans un conflit en croisement et un conflit en poursuite. Ces situations peuvent surgir à l'entrée d'une route commune à deux vols [67]. Dans ce cas de figure, l'angle entre les trajectoires des vols est non nul

65

avant le point d'intersection et nul après. Pour traiter ce type de conflit hybride, il nous faut établir la continuité entre les modèles de croisement et de poursuite en point donné. Supposons que les trajectoires de f et f' s'intersectent avec une angle de confluence $\theta \neq 0$ en i et que les vols partagent la même trajectoire ensuite (voir figure 2.9). Le conflit en croisement, s'il a lieu, peut être traité avec le modèle 3. En revanche, si les vols sont également en conflit de type poursuite, il nous faut reformuler la condition de séparation à l'entrée du segment commun, la contrainte 2.25, qui peut être substituée par la contrainte :

$$\Lambda^i_{ff'}(t^i_f, t^i_{f'}) \geq |t^i_f - t^i_{f'}| \tag{2.27}$$

où $\Lambda^i_{ff'}(t^i_f, t^i_{f'})$ correspond à la fonction utilisée dans le modèle 3. Cette reformulation permet d'établir une continuité entre les modèles de croisement et de poursuite et généralise ainsi notre approche des réseaux aériens.

Dans ce chapitre nous avons introduit les principales contraintes d'un modèle de régulation de vitesse et proposé plusieurs modèles pour réduire les conflit aériens en fonction de leur géométrie. Pour chaque type de conflit, nous avons développé des modèles pour traiter les conflits à deux avions. Les formulations initiales de ces modèles étant fortement non-linéaires, nous avons proposé des approximations de type pire-cas afin d'obtenir des modèles adaptés à la résolution sur de grandes instances de trafic. C'est l'objet du chapitre suivant, qui traite de l'extension de ces modèles à l'ensemble du réseau aérien.

FIGURE 2.9 – Type de conflit hybride

Chapitre 3

Détection et minimisation des conflits sur l'ensemble du trafic aérien

Dans le chapitre précédent, nous avons développé des modèles pour réduire les conflits à deux avions *via* des modulations de vitesse et dérivé des critères d'optimisation spécifiques à chaque type de conflit aérien. Nous souhaitons maintenant étendre ces modèles vers des situations plus générales. Dans la réalité il est possible que trois vols ou plus soient en conflit potentiel au même point de l'espace. Un même vol f peut également rencontrer plusieurs situations de conflit le long de sa trajectoire : f peut être en conflit avec f' au point i, puis avec f'' en j ; ces vols forment alors un *cluster*. La difficulté pour traiter les vols au sein d'un *cluster* est que la réduction d'un conflit influence potentiellement celles des autres. Pour traiter cet aspect du problème de la résolution de conflit, nous proposons d'utiliser des méthodes d'optimisation globale. L'objectif des méthodes d'optimisation globale est de résoudre un problème d'optimisation en tenant compte de la totalité du système observé, *e.g.* le trafic aérien dans son ensemble sur un horizon de temps donné. Dans la gestion du trafic aérien, l'aspect dynamique du système observé - lié à l'évolution continue du trafic - joue un rôle central : les décisions prisent par les gestionnaires du trafic (les contrôleurs) doivent inévitablement anticiper l'évolution du trafic dans son ensemble. L'usage de l'optimisation globale nous permet de prendre les meilleures décisions possibles lorsque le système est observé dans son ensemble. Dans ce chapitre nous présenterons premièrement 3.1 un algorithme de détection de conflit basé sur la géométrie du réseau aérien. Une fois l'ensemble des conflits potentiels identifié, nous développerons la résolution du problème d'optimisation associé 3.2. La mise en oeuvre de méthodes d'optimisation globale requiert un formalisme mathématique efficace, pour y parvenir, nous proposons de reformuler les modèles génériques en PLNE.

3.1 Détection des conflits potentiels

Dans le monde opérationnel, ce sont les contrôleurs aériens qui sont en charge de surveiller le trafic afin d'anticiper les potentielles pertes de séparation. Au cours de leur carrière, chaque contrôleur affine sa propre méthode pour évaluer si deux vols sont susceptibles d'être en conflit ou non dans un futur proche mais il existe tout de même des méthodes génériques pour détecter les conflits potentiels. Ainsi lorsque deux vols se dirigent vers la même zone de l'espace aérien, la comparaison des niveaux de vols des deux aéronefs est un filtre efficace. De façon générale, si deux vols en croisière ne volent pas au même niveau de vol, ceux-ci sont *a priori* séparés - car les niveaux de vols sont tabulés en respectant les normes de l'OACI. Les vols en montée ou en descente sont, en revanche, plus difficiles à appréhender et requièrent une attention toute particulière. Le dénominateur commun à toutes les méthodes de détection de conflits est la prévision de trajectoire des vols. Pour les contrôleurs, elle se matérialise souvent à l'aide d'un vecteur vitesse indiquant pour chaque vol la direction visée et sa vitesse - les contrôleurs peuvent ainsi extrapoler la future position des vols à l'aide du vecteur vitesse visible sur leur écran radar [68]. Généralement, les vecteurs vitesse permettent aux contrôleurs d'extrapoler mentalement les trajectoires de vols pour les prochaines 2 à 10 minutes. Dans le monde opérationnel, le caractère incertain de la gestion du trafic aérien introduit un obstacle supplémentaire : l'incertitude sur la prévision de trajectoire des vols, c'est-à-dire l'erreur faite sur l'estimation de la future position des aéronefs. L'un des enjeux de la détection des conflits potentiels est de trouver un équilibre entre une prévision de trajectoire à long terme qui peut potentiellement générer un nombre considérable de fausses alertes - c'est-à-dire un conflit potentiel n'aboutissant pas à un conflit effectif si aucune action des contrôleurs n'est exercée - et une courte prévision de trajectoire qui risque de rendre impossible l'élimination de certains conflits potentiels. Les causes de ce phénomène et son impact sur la détection et la réduction des conflits potentiels sont détaillées au chapitre suivant, dans la section 4.1.1. Dans cette partie, nous nous attacherons à préciser l'algorithme employé pour construire l'ensemble des conflits potentiels, sans tenir compte de l'incertitude sur la prévision de trajectoire.

D'un point de vue théorique, la détection des conflits potentiels requiert l'observation de l'ensemble de l'espace aérien pour garantir qu'aucun conflit n'échappe au processus de contrôle. Pour ce faire, une méthode brute consiste à comparer deux à deux les trajectoires de l'ensemble de vols dans un horizon de temps donné. Dans la pratique, cette approche peut s'avérer extrêmement coûteuse en temps de calcul et en mémoire ; en particulier si l'on cherche à prévoir les conflits avec un grand horizon d'anticipation [9]. Si n vols sont observés, $n(n-1)/2$ comparaisons sont alors nécessaires, ce qui pose un problème combinatoire lorsque n devient grand : une journée réelle de trafic au dessus de l'Europe peut contenir jusqu'à $30,000$ plans de vol et, aux heures de pointe, plus de $3,000$ aéronefs évoluent simultanément dans l'espace aérien européen, ce qui correspond à près de 4,5 millions de comparaisons. La comparaison des trajectoires peut être réalisée en estimant la distance minimale entre chaque paire de vols sur l'horizon de temps considéré. Si la trajectoire des vols n'est pas discrétisée, dans l'espace ou dans le temps, cette opération représente à elle seule un obstacle en terme de temps de calcul [69]. Parmi les heuristiques mises en oeuvre pour réduire la complexité du problème de la détection des conflits potentiels, l'usage de la triangulation de Delaunay pour dresser et maintenir une liste des voisins les plus proches a été testé par Chiang *et al* [70] et par Krozel *et al* [71]. En construisant un graphe des plus proches voisins pour chaque vol, il suffit de faire évoluer le graphe dynamiquement et de vérifier si la distance du plus proche voisin viole la norme de séparation pour détecter les conflits potentiels. Bien que d'une complexité logarithmique, cet algorithme souffre toutefois d'une forte instabilité numérique, en particulier lorsqu'il est appliqué dans l'espace tridimensionnel. Pour être traité efficacement, c'est-à-dire dans un temps relativement court - de l'ordre de quelques minutes [71] - et avec précision, le problème de la détection des conflits peut être abordé en fonction du type de prévision de trajectoire utilisé pour estimer les futures positions des aéronefs. Comme le suggère l'état de l'art établi par Kuchar et Yang [34] sur les algorithmes de détection et résolution de conflits, nous pouvons distinguer trois types d'approches :

Nominale la trajectoire des vols est estimée à partir d'un modèle cinématique déterministe et n'intègre pas les éventuelles modifications de trajectoire dûes aux manoeuvres de résolution de conflit et/ou à l'incertitude,

Probabiliste la trajectoire des vols et, *a posteriori*, la probabilité de conflit sont estimés à partir de modèles statistiques,

Pire-cas la trajectoire des vols est estimée en envisageant le pire scénario, c'est-à-dire maximisant le risque de conflit.

Parmi ces approches, la prévision de trajectoire nominale est la méthode la plus utilisée, si bien que de nombreux modèles de détection et résolution de conflit fonctionnent avec ce type de prévision [34]. Les algorithmes de détection de conflit probabilistes ont été largement étudiés dans le paradigme du *free flight*, où les vols suivent des routes directes et sont tenus d'assurer eux-mêmes leur séparation [72], [73], [74]. En promouvant l'usage de routes directes, le *free flight* s'expose à des configurations de trafic difficilement prévisibles, les modèles probabilistes représentent alors un moyen de réduire la combinatoire des problèmes rencontrés. Les approches de type pire-cas sont celles les plus susceptibles de générer des fausses alertes et d'induire de nombreuses manoeuvres de résolution de conflits. En revanche, ce type d'approche vise à minimiser le risque qu'un conflit potentiel ne soit pas pris en compte par l'algorithme de détection des conflits. La charge de travail des contrôleurs aériens dépend de multiple facteurs ; en particulier, elle est liée à leur perception du trafic, par conséquent le doute qu'ils sont susceptibles d'exprimer en présence d'un conflit potentiel contribue à augmenter l'effort cognitif nécessaire [16]. Le but ultime de notre modèle étant de réguler la charge de travail des contrôleurs aériens, l'usage d'une approche de type pire-cas pour détecter les conflits potentiels est adapté à notre modèle. Nous choisissons donc d'utiliser une prévision de trajectoire au sens du pire-cas pour détecter les conflits potentiels.

La gestion des trajectoires 4D est au coeur des projets SESAR et Next-Gen, ainsi il est plausible d'envisager que les plans de vol évolueront progressivement vers des routes déposées intégrant les trois dimensions de l'espace ainsi qu'une composante temporelle [75]. Toutefois, dans le but de développer une approche aussi réaliste que possible, nous choisissons de reproduire les conditions de contrôle du trafic actuelles : dans cette perspective, nous considérons que les trajectoires des vols sont déterminées par leur plan de vol. Un plan de vol contient notamment deux éléments : une liste de balises (route) ainsi qu'un niveau de vol de référence (RFL). Les balises n'ayant pas d'altitude attitrée, elles sont caractérisées par leurs coordonnées sur la surface terrestre. La prévision de trajectoire alors consiste à prévoir l'altitude et l'heure de passage d'un vol au dessus d'une balise appartenant à son parcours. Dans ces conditions, seules les positions 2D des balises étant connues, il faut donc extrapoler la trajectoire des vols en tenant compte des RFL visés. De tels modules de prévisions de trajectoire existent et nous détaillerons le fonctionnement du module utilisé lors des simulations dans la section 4.3.1. En supposant les trajectoires des vols rectilignes entre deux balises consécutives, la détection de conflit peut s'effectuer en se concentrant sur le voisinage des points d'intersection entre ces trajectoires [9]. Dans le monde opérationnel, les contrôleurs aériens surveillent l'évolution des trajectoires des vols et s'appuient sur la connaissance de leurs plans de vols pour anticiper les mouvements aériens. Notre approche pour la détection des conflits est donc suffisamment réaliste pour notre étude car nos modèles pour réduire les conflits ne modifient pas les trajectoires 3D des vols (les modifications s'effectuent dans le temps uniquement). La gestion des perturbations ayant une incidence sur la trajectoire des avions peut être envisagée de différentes manières dans notre modèle ; cette question est discutée dans la section 4.2.

Dans les sections suivantes, nous proposons d'établir un algorithme pour détecter les conflits potentiels afin de pouvoir ensuite appliquer les modèles de réduction des conflits présentés au chapitre précédent. Nous commençons par formaliser en termes mathématiques le réseau aérien considéré, avant de présenter notre algorithme pour la détection des conflits potentiels.

3.1.1 Le réseau aérien

Afin de généraliser notre modèle à l'ensemble du réseau aérien, nous proposons d'introduire la notion de *point de conflit*. Intuitivement, un point de conflit correspond à un point de l'espace où il existe un risque de perte de séparation entre deux vols. En identifiant l'ensemble des points de conflits dans une région de l'espace aérien pour un horizon de temps donné, nous pouvons ensuite appliquer les modèles pour réduire les conflits présentés au chapitre précédent. Ces modèles ont été conçus pour réduire les conflits à deux avions ; pour les étendre à des situations réalistes pouvant impliquer plus de deux avions, nous proposons de définir précisément l'ensemble des conflits potentiel en croisement, $\mathcal{P}_c$, et en poursuite, $\mathcal{P}_p$. Nous commençons par définir formellement un plan de vol et l'architecture du réseau aérien :

Définition 4 (Plan de vol). *Pour un vol $f \in \mathcal{F}$, soit $\mathcal{L}_f = (b_0, b_1, \ldots, b_n)$ la liste des coordonnées des balises du vol $f \in \mathcal{F}$ avec $b_i \in \mathbb{R}^2$, $0 \leq i \leq n$. Par convention, nous considérons que b_0 est l'aéroport de départ et b_n l'aéroport d'arrivée. Le plan de vol du vol f est la paire $\{\mathcal{L}_f; RFL_f\}$, où $RFL_f \in \mathbb{R}$ est le niveau de vol de référence du vol f.*

Définition 5 (Route et réseau aérien). *La route du vol f, $\mathcal{R}_f$, est l'ensemble des points tels que :*

$$\mathcal{R}_f = \{x \in \mathbb{R}^2, x = \lambda \cdot b_i + (1 - \lambda) \cdot b_{i+1} | \{b_i, b_{i+1}\} \in \mathcal{L}_f, \lambda \in [0,1]\}$$

L'ensemble des routes forment le réseau aérien.

Le réseau aérien délimite la région de l'espace observé, la détection des conflits potentiels peut intuitivement être effectué aux *noeuds* du réseau :

Définition 6 (Noeud du réseau). *Un point du plan $x \in \mathbb{R}^2$ est un noeud du réseau $\mathcal{N}$ si (voir figure 3.1) :*

1. *x est une balise appartenant à une route : $x \in \mathcal{L}_f$ pour un vol f.*

2. *x appartient à au moins deux routes s'intersectant avec un angle non-nul. Soient $\{b_i, b_{i+1}\} \in \mathcal{L}_f$ et $\{b_j, b_{j+1}\} \in \mathcal{L}_{f'}$ les balises avant et après l'intersection et θ l'angle entre les droites $\{b_i, b_{i+1}\}$ et $\{b_j, b_{j+1}\}$. x est un noeud du réseau si :*

$$\exists f, f' \in \mathcal{F} : x \in \mathcal{R}_f \cap \mathcal{R}_{f'} \text{ et } \theta \neq 0 \text{ modulo } \pi$$

A chaque noeud du réseau correspond donc un voisinage dans lequel deux vols sont susceptibles d'être en conflit. Dans l'hypothèse où les vols

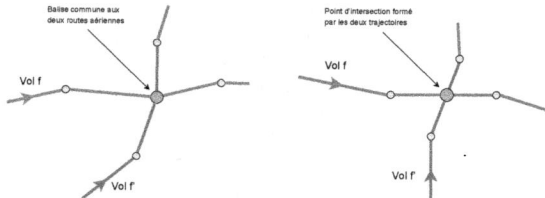

FIGURE 3.1 – Types de noeuds dans le réseau formé par les routes aériennes

respecter leurs plans de vols, la détection de conflit peut être focalisée dans ces voisinages. Avec cette dernière définition, il convient de mettre à jour la liste des balises des vols, de façon à ce qu'elle intègre les noeuds du réseau n'étant pas des balises. Ainsi nous définissons, la liste des noeuds du vol f.

Définition 7 (Liste des noeuds). *La liste des noeuds du vol f, $\mathcal{L}_f^+$ est l'ensemble défini comme suit :*

$$\mathcal{L}_f^+ = \mathcal{N} \cap \mathcal{R}_f$$

ainsi $\mathcal{L}_f \subseteq \mathcal{L}_f^+$, pour tout vol $f \in \mathcal{F}$.

Pour parcourir une liste des noeuds, nous définissons les fonctions s_f et p_f telles que :

Définition 8 (Fonctions successeur et prédécesseur). *Soient s_f et p_f les fonctions définies sur $\mathcal{L}_f^+$ telles que :*

$s_f : i \mapsto s_f(i)$ *où $s_f(i)$ est le successeur du noeud i dans $\mathcal{L}_f^+$ s'il existe*

$p_f : i \mapsto p_f(i)$ *où $p_f(i)$ est le prédécesseur du noeud i dans $\mathcal{L}_f^+$ s'il existe*

Pour initialiser notre procédure de détection de conflit, il suffit de considérer les noeuds appartenant à au moins deux routes, nous pouvons ainsi définir un point de conflit.

Définition 9 (Point de conflit). *Un point de conflit est un triplet $(f, f', i) \in \mathcal{F} \times \mathcal{F} \times \mathcal{N}$ tel que :*

$$i \in \mathcal{R}_f \cap \mathcal{R}_{f'}$$

L'ensemble des points de conflits est noté $\mathcal{C}$.

Ainsi les noeuds du réseau appartenant à au moins deux routes aériennens correspondent donc aux régions de l'espace dans lesquelles il existe un risque de perte de séparation. Il faut toutefois mentionner deux exceptions :

1. La balise précédant un noeud du réseau i qui n'est pas une balise, ou lui succédant, peuvent être arbitrairement proches de i. Un conflit peut donc survenir au voisinage de ces balises. Pour contourner le problème, il est possible de virtuellement retirer ces balises du parcours des vols (pour la détection des conflits).

2. Lorsque deux trajectoires de vols s'intersectionnent avec un angle très petit, deux balises peuvent se trouver très proches l'une de l'autre (sans pour autant appartenir à deux routes). Dans ce cas, il est possible de fusionner les deux balises de façon à former un point de conflit.

Dans la suite du document, nous supposerons que le réseau aérien est bien défini, c'est-à-dire que les exceptions mentionnées ci-dessus ont été préalablement traitées. Nous pouvons alors, en observant les vols au voisinage des points de conflits, garantir la détection exhaustive des conflits potentiels. L'ensemble des points de conflits représente l'ensemble des vols susceptibles d'être en conflit potentiel aux points de l'espace associés. Pour déterminer s'il existe un risque de conflit, il faut observer si les trajectoires des paires de vols concernées peuvent occasioner des pertes de séparation.

3.1.2   Un algorithme pour détecter les conflits potentiels

Comme nous l'avons suggéré ci-dessus, une approche efficace pour détecter les conflits potentiels consiste à comparer les altitudes des vols aux points de conflits. Le premier test pour détecter un conflit potentiel concerne donc la séparation verticale des vols.

Test 1 (Séparation verticale).

1. *Si les deux vols sont en croisière, il existe deux possibilités :*
    (a) *les aéronefs volent au même niveau de vol[1] : $RFL_f = RFL_{f'}$. Il existe un risque de conflit potentiel et le test renvoi* **vrai**.
    (b) *les aéronefs ne volent pas au même niveau de vol : $RFL_f \neq RFL_{f'}$. Il n'y a pas de conflit potentiel. Il n'existe pas de risques de conflit potentiel et le test renvoi* **faux**.

2. *Un seul des vols est en croisière : il faut comparer les altitudes relatives des vols au point de conflit par rapport à la norme de séparation verticale pour déterminer la possibilité d'un conflit. Si la différence des altitudes des vols est inférieur à $1,000$ ft le test renvoi* **vrai**, *sinon le test renvoi* **faux**.

3. *Aucun des vols n'est en croisière : ce cas de figure n'est pas traité dans notre approche car nous avons choisi de ne réguler que les vols en phase de croisière. Ce type de conflit ne peut donc pas être résolu par notre approche et le test renvoi la valeur* **faux**.

Si le test précédent conclut qu'il existe un risque de conflit, soit que le test 1 renvoi **vrai**, il faut procéder à un test de séparation horizontal. Intuitivement, un test de séparation horizontal consiste à comparer la distance

---

1. Dans notre approche, aucune modification du niveau de vol n'est envisagée, ainsi sans perte de généralité nous assumerons dans le reste de cette thèse que les aéronefs volent à leur RFL au cours de la phase de croisière.

relative entre deux vols à l'approche d'un point de conflit dans le plan formé par leurs trajectoires. Cette comparaison peut également être effectuée dans le domaine temporel en utilisant les heures de passage des vols au point de conflit. Afin de garantir une détection de tous les conflits potentiels, nous choisissons d'envisager les pires scénarios. Supposons pour l'instant qu'il n'y ait pas d'incertitude sur la prévision de trajectoire. Dans le cadre de la régulation des temps de passage, les modulations de vitesse induites par l'optimisation peuvent modifier les trajectoires 4D des vols (en les retardant ou en les avançant), il nous faut donc tenir compte des intervalles de temps de passages réalisables aux noeuds du réseau. Formellement, soit le point de conflit (f, f', i), la différence des temps de passage de f et f' en i s'exprime $|t_f^i - t_{f'}^i|$, où t_f^i (resp. $t_{f'}^i$) est le temps de passage du vol f (resp. f') au point i. Considérons d'abord le cas des conflits en croisement. Au chapitre 2, nous avons défini la charge de conflit d'une paire de vols avec la formule :

$$\Omega^i(v_f, v_{f'}) = \left(\Gamma^i(v_f, v_{f'}) - |t_f^i - t_{f'}^i|\right)^+ \tag{3.1}$$

où $\Gamma^i(v_f, v_{f'})$ est la fonction définie par (2.14) que nous rappelons ici :

$$\Gamma^i(v_f, v_{f'}) = \frac{N}{v_f v_{f'} |\sin\theta|} \sqrt{v_f^2 - 2\cos\theta v_f v_{f'} + v_{f'}^2}$$

Pour déterminer si deux vols f et f' sont en conflit potentiel en i, il suffit de regarder la condition suivante :

$$|t_f^i - t_{f'}^i| \geq \Gamma^i(v_f, v_{f'}) \tag{3.2}$$

Si la condition (3.2) est vérifiée, et s'il n'y a pas d'incertitude sur les trajectoires des vols, alors la différence de temps de passage entre f et f' au point i est suffisamment grande et il n'y a pas de conflit. Pour toute paire de vitesses $(v_f, v_{f'})$, la charge de conflit d'une paire de vols (f, f') peut être calculée avec la formule (3.1) ; nous rappelons que les temps de passage des vols au point de conflit peuvent s'exprimer en fonction des vitesses des vols avec la relation (2.4) :

$$t_f^i = \frac{D_f^i}{v_f} + t_f^{i-}$$

où t_f^{i-} est le temps de passage du vol f au point $i^- = p_f(i)$ et D_f^i la distance entre i et son prédécesseur. La différence de temps de passage des vols f et f' au point i devient alors :

$$|t_f^i - t_{f'}^i| = \left| \frac{D_f^i}{v_f} + t_f^{i-} - \frac{D_{f'}^i}{v_{f'}} - t_{f'}^{i-} \right|$$

La charge de conflit dépend donc également des positions initiales des vols lors de la détection des conflits. Soit $c = (f, f', i)$ un point de conflit, considérons la fonction suivante :

$$Q(c) = \Gamma^i(v_f, v_{f'}) - \left| \frac{D_f^i}{v_f} + t_f^{i-} - \frac{D_{f'}^i}{v_{f'}} - t_{f'}^{i-} \right| \qquad (3.3)$$

$Q(c)$ fournit la valeur algébrique de la charge de conflit d'une paire de vols pour tout point de conflit c. Pour déterminer si c est un conflit potentiel en croisement, il suffit de montrer l'existence d'une paire de vitesses $(v_f, v_{f'})$ telle que : $Q(c) > 0$. Pour déterminer l'existence d'une telle paire de vitesse, nous commençons par résoudre l'équation $Q(c) = 0$ qui s'exprime :

$$\frac{N}{v_f v_{f'} |\sin\theta|} \sqrt{v_f^2 - 2\cos\theta v_f v_{f'} + v_{f'}^2} = \left| \frac{D_f^i}{v_f} + t_f^{i-} - \frac{D_{f'}^i}{v_{f'}} - t_{f'}^{i-} \right| \qquad (3.4)$$

La résolution de l'équation (3.4) peut être simplifiée en utilisant le même changement de variable que dans la section 2.2.2, que nous rappelons ici :

$$(v_f, v_{f'}) \leftrightarrow (v_f, r) \quad \text{avec} \quad r = \frac{v_f}{v_{f'}}$$

où r désigne le ratio des vitesses des vols. Sans perte de généralité, supposons que $t_f^{i-} = t_{f'}^{i-}$ [2], en substituant $v_{f'}$ par $\frac{v_f}{r}$ dans l'équation (3.4), nous obtenons :

$$\frac{rN}{v_f^2 |\sin\theta|} \sqrt{v_f^2 - 2\cos\theta \frac{v_f^2}{r} + \frac{v_f^2}{r^2}} = \left| \frac{D_f^i}{v_f} - \frac{rD_{f'}^i}{v_f} \right|$$

$$\Leftrightarrow \quad N\sqrt{r^2 - 2\cos\theta r + 1} = |\sin\theta| \cdot \left| D_f^i - rD_{f'}^i \right|$$

En élevant cette dernière équation au carré, nous obtenons donc une équation du second degré du type : $f(r) = A'r^2 + B'r + C' = 0$, avec :

---

2. La détection des conflits potentiels s'effectue à un instant donné T, en plaçant virtuellement une balise à cet instant sur la trajectoire de chaque vol considéré, les distances des vols au point de conflit sont calculées telles que $t_f^{i-} = t_{f'}^{i-} = T$.

$$A' = N^2 - (D^i_{f'})^2 \sin^2 \theta$$
$$B' = 2D^i_f D^i_{f'} \sin^2 \theta - 2N^2 \cos \theta$$
$$C' = N^2 - (D^i_f)^2 \sin^2 \theta$$

le discriminant de cette équation, Δ_4, est alors égal à :

$$\Delta_4 = 4N^2 \sin^2 \theta \left((D^i_f)^2 + (D^i_{f'})^2 - 2\cos\theta D^i_f D^i_{f'} - N^2 \right) \qquad (3.5)$$

Soit $R'_1 < R'_2$ les racines réelles de l'équation $A'r^2 + B'r + C' = 0$ lorsqu'elles existent. Nous rappelons que les vitesses des vols sont bornées par les contraintes :

$$\underline{V}_f \leq v_f \leq \overline{V}_f$$
$$\underline{V}_{f'} \leq v_{f'} \leq \overline{V}_{f'}$$

et par conséquent que :

$$r \in [\underline{R}, \overline{R}] \quad \text{avec} \quad \begin{cases} \underline{R} &= \underline{V}_f / \overline{V}_{f'} \\ \overline{R} &= \overline{V}_f / \underline{V}_{f'} \end{cases}$$

Pour déterminer s'il existe un ratio des vitesses tel que $Q(c) > 0$, il nous faut considérer le signe de Δ_4 et celui de A', c'est le test de séparation longitudinale pour les conflits en croisement.

Test 2 (Séparation horizontale, croisement).

1. *Si $\Delta_4 > 0$:*
   - *si $A' > 0$, alors $\forall r \in\ ]-\infty, R'_1[\cup]R'_2, +\infty[,\ f(r) > 0$ et :*

     $$]-\infty, R'_1[\cup]R'_2, +\infty[\bigcap [\underline{R}, \overline{R}] \neq \emptyset \ \Rightarrow\ Q(c) > 0$$

     *le test renvoi donc **vrai** si $\exists r \in [\underline{R}, \overline{R}] :\ ]-\infty, R'_1[\cup]R'_2, +\infty[\cap [\underline{R}, \overline{R}] \neq \emptyset$ et **faux** sinon.*
   - *si $A' < 0$, alors $\forall r \in\ ]R_1, R_2[,\ f(r) > 0$ et :*

     $$[R'_1, R'_2] \cap [\underline{R}, \overline{R}] \neq \emptyset \ \Rightarrow\ Q(c) > 0$$

     *le test renvoi donc **vrai** si $\exists r \in [\underline{R}, \overline{R}] : [R'_1, R'_2] \cap [\underline{R}, \overline{R}] \neq \emptyset$ et **faux** sinon.*

2. *Si $\Delta_4 = 0$, cela signifie que les vols sont initialement distants de N, en effet :*

$$\Delta_4 = 0 \;\Leftrightarrow\; (D_f^i)^2 + (D_{f'}^i)^2 - 2\cos\theta D_f^i D_{f'}^i = N^2$$

*on retrouve alors l'expression du théorème d'Al Kashi dans le triangle formé par les deux vols et le point d'intersection et il existe un seul ratio des vitesses des vols pour lequel $f(r) = 0$: $R_0' = \frac{-B'}{2A'}$. Si $A' > 0$ (resp. $A' < 0$) alors $\forall r \in]-\infty, R_0'[\cup]R_0', +\infty[, \; f(r) > 0$ (resp. $f(r) < 0$) et $Q(c) > 0$ (resp. $Q(c) < 0$). Le test renvoi donc **faux** si $\underline{R} = \overline{R} = R_0'$ et **vrai** sinon.*

3. *Si $\Delta_4 < 0$, $f(r)$ n'a pas de racines et l'existence du conflit potentiel dépend du signe de A' : si $A' > 0$ (resp. $A' < 0$) alors $Q(c) > 0$ (resp. $Q(c) < 0$). Le test renvoi donc **faux** si $A' < 0$ et **vrai** sinon.*

L'ensemble des conflits potentiels en croisement peut donc être construit en considérant tous les points de conflit et les vitesses des vols concernés.

Définition 10 (Ensemble des points de conflit potentiel en croisement). *Soit $c = (f, f', i)$ un point de conflit. c est un conflit potentiel en croisement s'il les tests 1 et 2 renvoient **vrai**. L'ensemble des conflits potentiels en croisement $\mathcal{P}_c$ est un sous-ensemble de $\mathcal{C}$.*

L'ensemble $\mathcal{P}_c$ comprend donc tous les points de conflit où il existe un risque que de perte de séparation lorsque deux trajectoires s'intersectionnent avec un angle non-nul. Pour chaque élément de $\mathcal{P}_c$, il est donc nécessaire d'appliquer les contraintes de séparation de façon à minimiser les risques de conflit. Considérons maintenant le cas où l'angle entre les trajectoires avant le point i est nul. Pour déterminer l'existence d'un conflit potentiel en poursuite il faut que deux noeuds du réseau appartiennent aux routes de deux vols, tel que ces vols parcourent ces noeuds dans le même ordre. Nous définissons une route partagée entre deux vols.

Définition 11 (Route partagée). *Soient f et f' deux vols, la route partagée entre f et f', $\mathcal{R}_{ff'}$ est l'ensemble :*

$$\mathcal{R}_{ff'} = \mathcal{R}_f \cap \mathcal{R}_{f'} \tag{3.6}$$

La route partagée entre deux vols peut être l'ensemble vide si ces deux routes ne s'intersectionnent pas, un singleton (un noeud du réseau aérien) si les routes des vols ne s'intersectionnent qu'en un point ou un sous-ensemble de $\mathbb{R}^2$ si les routes des vols partagent un ou plusieurs tronçons communs.

Dans ce dernier cas, nous souhaitons savoir s'il existe un risque de perte de séparation sur un segment de vol commun. En raison de la modélisation du réseau aérien adoptée, toute partie connexe d'une route partagée est délimitée par deux noeuds du réseau aérien. Nous choisissons donc de considérer chaque partie connexe d'une route partagée pour déterminer s'il existe un risque de conflit sur ce tronçon. Pour cela nous définissons la notion de segment de conflit :

Définition 12 (Segment de conflit). *Soit $\mathcal{R}_{ff'}$ une route partagée et i, j deux noeuds du réseau tels que : $i, j \in \mathcal{R}_{ff'} \cap \mathcal{N}$. Soit $S = [i, j]$ le segment de $\mathbb{R}^2$ délimité par les noeuds i et j. Le triplet $(f, f', S) \in \mathcal{F} \times \mathcal{F} \times \mathbb{R}^2$ est un segment de conflit si i et j sont tels que :*

$$p_f(i) \notin \mathcal{L}_{f'}^+ \quad et \quad s_f(i) \in \mathcal{L}_{f'}^+$$
$$p_f(j) \in \mathcal{L}_{f'}^+ \quad et \quad s_f(j) \notin \mathcal{L}_{f'}^+$$

i et j sont alors les extrémités d'un segment de vol connexe S, commun aux routes de f et f' et pour tout $k \in [i, j] \cap \mathcal{N}$, (f, f', k) est un point de conflit.

Pour détecter un conflit potentiel en poursuite, il faut considérer chaque segment de conflit et s'assurer qu'il n'y a pas de perte de séparation aux points de conflit du segment, ni entre les noeuds du segment. Dans le contexte des conflits en poursuite, il existe une infinité de points d'intersection entre les trajectoires des vols. Dans un premier temps nous considérons donc uniquement les risques de pertes de séparation au voisinage des noeuds du réseau aérien, pour cela nous nous focalisons sur l'intervalle de temps délimité par l'instant où le leader atteint le point de conflit et l'instant où le poursuivant atteint le point de conflit. Formellement, soient f et f' deux vols partageant le segment de vol $[i, j]$ et soit $k \in [i, j] \cap \mathcal{N}$ un point de conflit. Pour déterminer la condition de séparation des vols au point point de conflit (f, f', k), il suffit de considérer la vitesse relative des vols. Soient v_l et v_p la vitesse du leader et du poursuivant respectivement :

- si le leader est strictement plus rapide que le poursuivant, c'est-à-dire que la vitesse minimale du leader est supérieure à la vitesse maximale du poursuivant, la distance minimale entre les vols correspond à la distance entre les vols à l'instant où le leader est en k, soit : $D(t) = v_p \cdot |t_f^k - t_{f'}^k|$. La condition de séparation des vols $D(t) \geq N$, s'exprime donc :

$$v_p \cdot |t_f^k - t_{f'}^k| \geq N \tag{3.7}$$

- si le leader n'est pas strictement plus rapide que le poursuivant, la distance minimale entre les vols peut correspondre à la distance entre les vols à l'instant où le leader est en k (à l'instar du cas précédent), mais également à la distance entre les vols à l'instant où le poursuivant est en k, soit $D(t) = v_l \cdot |t_f^k - t_{f'}^k|$. Auquel cas, la condition de séparation des vols $D(t) \geq N$, s'exprime donc :

$$v_l \cdot |t_f^k - t_{f'}^k| \geq N \qquad (3.8)$$

Afin de garantir une détection exhaustive des conflits potentiels, nous proposons de considérer la condition suivante :

$$\min\{v_f, v_{f'}\} \cdot |t_f^k - t_{f'}^k| \geq N \qquad (3.9)$$

Si la condition (3.9) est vérifiée, la séparation des vols au voisinage du point de conflit (f, f', k) est garantie. Ainsi, pour tout point de conflit $c = (f, f', k)$ pour lequel les trajectoires des vols s'intersectionnent avec un angle nul, nous définissons la fonction suivante :

$$Q_0(c) = \frac{N}{\min\{v_f, v_{f'}\}} - \left| \frac{D_f^k}{v_f} + t_f^{k-} - \frac{D_{f'}^k}{v_{f'}} - t_{f'}^{k-} \right| \qquad (3.10)$$

$Q_0(c)$ correspond à la valeur algébrique de la charge de conflit d'une paire de vols lorsque l'angle entre leurs trajectoires est nul. De la même façon que pour les conflits en croisement, c est un conflit potentiel s'il existe une paire $(v_f, v_{f'})$ telle que $Q_0(c) > 0$. Pour déterminer l'existence d'une telle paire de vitesse, il faut résoudre l'équation $Q_0(c) = 0$:

$$\frac{N}{\min\{v_f, v_{f'}\}} = \left| \frac{D_f^k}{v_f} + t_f^{k-} - \frac{D_{f'}^k}{v_{f'}} - t_{f'}^{k-} \right|$$

$$\Leftrightarrow \quad N = \min\{v_f, v_{f'}\} \cdot \left| \frac{D_f^k}{v_f} + t_f^{k-} - \frac{D_{f'}^k}{v_{f'}} - t_{f'}^{k-} \right|$$

Sans perte de généralité, supposons que $t_f^{k-} = t_{f'}^{k-}$, nous utilisons le changement de variable consistant à intoduire le ratio des vitesses des vols (voir (2.15)) pour simplifier l'équation :

$$N = \min\{v_f, \frac{v_f}{r}\} \cdot \left| \frac{D_f^k}{v_f} - \frac{rD_{f'}^k}{v_f} \right|$$

$$\Leftrightarrow \quad N = \min\{1, \frac{1}{r}\} \cdot \left| D_f^k - rD_{f'}^k \right| \tag{3.11}$$

Pour résoudre l'équation (3.11), nous proposons de considérer les deux cas possibles selon la valeur de $\min\{1, \frac{1}{r}\}$. Supposons que $\min\{1, \frac{1}{r}\} = 1$, l'équation à résoudre devient :

$$N = \left| D_f^k - rD_{f'}^k \right|$$

En élevant cette dernière équation au carré, nous obtenons donc une équation du second degré du type : $g(r) = A''r^2 + B''r + C'' = 0$, avec :

$$A'' = (D_{f'}^k)^2$$
$$B'' = -2D_f^k D_{f'}^k$$
$$C'' = (D_f^k)^2 - N^2$$

le discriminant de cette équation, Δ_5, est alors égal à :

$$\Delta_5 = 4N^2(D_{f'}^k) > 0$$

Soient $R_1'' < R_2''$ les racines de l'équation $g(r) = 0$, puisque $A'' > 0$, nous savons que $\forall r \in]R_1'', R_2''[$, $g(r) < 0$. Par conséquent :

$$]R_1'', R_2''[\cap]\underline{R}, \overline{R}[\neq \emptyset \implies Q_0(c) > 0$$

Réciproquement, si $\min\{1, \frac{1}{r}\} = \frac{1}{r}$, les coefficients de l'équation du second degré sont modifiés et si $\tilde{R}_1'' < \tilde{R}_2''$ sont les racines de cette nouvelle équation, la relation obtenue est :

$$]\tilde{R}_1'', \tilde{R}_2''[\cap]\underline{R}, \overline{R}[\neq \emptyset \implies Q_0(c) > 0$$

Le premier test de séparation horizontale pour les conflits en poursuite peut alors être présenté.

Test 3 (Séparation horizontale 1, poursuite).

1. $\min\{1, \frac{1}{r}\} = 1$, *le test renvoi* **vrai** *si* $\exists r \in]\underline{R}, \overline{R}[:]R_1'', R_2''[\cap]\underline{R}, \overline{R}[\neq \emptyset$ *et* **faux** *sinon.*

81

2. $\min\{1, \frac{1}{r}\} = \frac{1}{r}$ *Le test renvoi* **vrai** *si* $\exists r \in]\underline{R}, \overline{R}[:]\tilde{R}''_1, \tilde{R}''_2[\cap]\underline{R}, \overline{R}[\neq \emptyset$ *et* **faux** *sinon.*

c est donc un conflit potentiel si le test 3 renvoi **vrai**. Nous avons déterminé les conditions de séparation au voisinage des points de conflit appartenant à un segment de conflit. Cependant, dans le contexte des conflits en poursuite, deux vols peuvent potentiellement se dépasser entre deux noeuds consécutifs d'un segment de vol partagé. Nous commençons par formaliser la notion de dépassement :

Définition 13 (Dépassement). *Soit* $s = (f, f', S)$ *un segment de conflit et* $k, k' \in S \cap \mathcal{N}$ *tel que :* $k' = s_f(k) = s_{f'}(k)$. *Les vols* f *et* f' *sont en dépassement si :*

$$t_f^k \leq t_{f'}^k \quad et \quad t_f^{k'} \geq t_{f'}^{k'} \tag{3.12}$$

$$ou$$

$$t_f^k \geq t_{f'}^k \quad et \quad t_f^{k'} \leq t_{f'}^{k'} \tag{3.13}$$

Dans le contexte de la détection des conflits potentiels nous envisageons, comme précédemment, le pire scénario, c'est-à-dire que nous souhaitons tenir compte des potentielles variations de la vitesse de vols. Pour cela nous reformulons les conditions (3.12) et (3.13) en exprimant les temps de passage des vols à partir de leur vitesses :

$$\forall f \in \mathcal{F} : \begin{cases} t_f^k &= \frac{D_f^k}{v_f} + t_f^{k-} \\ t_f^{k'} &= \frac{D_f^{k'}}{v_f} + t_f^{k'-} \end{cases}$$

Sans perte de généralité, supposons que $t_f^{k-} = t_{f'}^{k-} = 0$, par définition $t_f^{k'-} = t_f^k$ et $t_{f'}^{k'-} = t_{f'}^k$, ainsi la condition (3.12) s'exprime :

$$\frac{D_f^k}{v_f} \leq \frac{D_{f'}^k}{v_{f'}} \quad \text{et} \quad \frac{D_f^{k'} + D_f^k}{v_f} \geq \frac{D_{f'}^{k'} + D_{f'}^k}{v_{f'}} \tag{3.14}$$

Ici encore, nous utilisons le ratio de la vitesse des vols $r = \frac{v_f}{v_{f'}}$ pour simplifier l'expression de la condition (3.14) qui devient :

$$D_f^k \leq r D_{f'}^k \quad \text{et} \quad D_f^{k'} + D_f^k \geq r(D_{f'}^{k'} + D_{f'}^k)$$

Cette dernière condition peut être exprimée comme une double inégalité :

$$R_1^D \leq r \leq R_2^D \qquad (3.15)$$

avec :

$$\begin{cases} R_1^D & = \frac{D_f^k}{D_{f'}^k} \\ R_2^D & = \frac{D_f^{k'} + D_f^k}{D_{f'}^{k'} + D_{f'}^k} \end{cases}$$

La condition (3.13) peut être reformulée de façon similaire, la double inégalité alors obtenue est :

$$R_1^D \geq r \geq R_2^D \qquad (3.16)$$

Pour déterminer s'il existe un risque de dépassement, il suffit de considérer le domaine de définition du ratio des vitesses des vols : $[\underline{R}, \overline{R}]$ et de le comparer aux intervalles définis par les conditions (3.15) et (3.16), c'est le second test de séparation horizontale en poursuite.

Test 4 (Séparation horizontale 2, poursuite).
Le test renvoi **vrai** *si* $\exists r \in [\underline{R}, \overline{R}] : [R_1^D, R_2^D] \cap [\underline{R}, \overline{R}] \neq \emptyset$ *ou si* $\exists r \in [\underline{R}, \overline{R}] :$ $[R_2^D, R_1^D] \cap [\underline{R}, \overline{R}] \neq \emptyset$, *et* **faux** *sinon.*

Nous sommes maintenant en mesure de définir l'ensemble des conflits en poursuite.

Définition 14 (Ensemble des conflits potentiels en poursuite). *Soit $\mathcal{S}$ l'ensemble des segments de conflit et $s = (f, f', S)$ un segment de conflit. s est un conflit potentiel en poursuite si le test 1 renvoi* **vrai** *et si le test 3 ou le test 4 renvoi* **vrai**. *L'ensemble des conflits potentiels en poursuite $\mathcal{P}_p$ est un sous-ensemble de $\mathcal{S}$.*

Dans cette partie nous avons décrit la construction des ensembles $\mathcal{P}_c$ et $\mathcal{P}_p$ à partir de la notion de point de conflit et, par extension, la notion de segment de conflit. L'ensemble des tests permettant de construire les ensembles $\mathcal{P}_c$ et $\mathcal{P}_p$ est appelé *algorithme pour la détection des conflits potentiels*. Les ensembles $\mathcal{P}_c$ et $\mathcal{P}_p$ désignent les régions de l'espace où il existe un risque de perte de séparation entre deux vols. Pour traiter ces conflits potentiels, nous souhaitons utiliser les modèles de réduction des conflits à deux avions développés dans le chapitre précédent. En déclinant ces modèles sur l'ensemble des conflits potentiels détectés, nous obtenons un problème d'optimisation combinatoire regroupant l'ensemble des vols présents dans l'espace aérien considéré. La résolution de ce type de problème peut être grandement facilitée par l'usage d'un algorithme séquentiel. En classant les conflits potentiels, il est possible de résoudre les conflits séquentiellement, ce qui réduit fortemment la complexité du problème puisque de nombreuses variables de décision sont rapidement fixées [76]. Toutefois, cette approche du problème de la résolution de conflits ne garantit pas l'obtention d'un optimum global. Afin de pouvoir mettre en oeuvre une approche capable de traiter l'ensemble des conflits potentiels détectés simultanément sur des instances de grande taille, tout en garantissant l'optimalité globale des solutions proposées ; nous proposons de mettre à profit les capacités des solveurs pour la PLNE.

3.2 Minimisation des conflits par la PLNE

Dans cette partie, nous proposons de généraliser les modèles développés au chapitre 2 à l'ensemble des conflits potentiels détectés. Pour garantir de faibles temps de calcul, nous souhaitons adopter une formulation linéaire dans nos modèles de réduction des conflits. La résolution efficace des PLNE est aujourd'hui reconnue, notamment grâce aux solveurs commerciaux tels que CPLEX. Ces solveurs ont bénéficié de nombreuses années de développement et sont par conséquent très efficaces pour résoudre des problèmes d'optimisation linéaire mixtes de grande taille. Ainsi, dans cette partie, nous nous attacherons à reformuler les modèles présentés au chapitre précédent *via* des méthodes de programmation mathématique, afin d'aboutir sur des formulations linéaires, pouvant être implémentées dans des solveurs commerciaux tel que CPLEX. En cherchant à linéariser les modèles introduits précédemment, notre objectif est de proposer un modèle global pour minimiser les conflits aériens par des modulations de vitesse, adapté au formalisme générique des solveurs commerciaux. Les problèmes d'optimisation sous contraintes peuvent s'exprimer génériquement à l'aide de trois composantes :

Les variables de décision et leur domaine de définition : les temps de passage des vols aux noeuds du réseau.

La fonction objectif à optimiser : la charge de conflit et une approximation de la durée des conflits en poursuite.

Les contraintes sur les variables de décision : les intervalles de modulation de vitesse des vols.

L'usage d'un tel formalisme permet d'offrir une grande portabilité aux modèles développés, ces derniers pouvant ainsi être résolus *via* différents solveurs, utilisant différentes techniques d'optimisation. Nous procéderons par type de conflit : nous traitons d'abord le cas des conflits en croisement en reprenant le modèle 3 décrit dans la section 3.2.1 ; puis nous traitons le cas des conflits en poursuite en reprenant le modèle 5 décrit dans la section 2.2.3.

3.2.1 Réduction des conflits en croisement

Nous rappelons la formulation du modèle 3, conçu pour minimiser la charge de conflit d'une paire de vols. La fonction objectif du modèle est :

$$\min \left(\Lambda^i_{ff'}(t^i_f, t^i_{f'}) - |t^i_f - t^i_{f'}| \right)^+ \tag{3.17}$$

où la fonction $\Lambda^i_{ff'}(t^i_f, t^i_{f'})$ est définie telle que :

$$\Lambda^i_{ff'}(t^i_f, t^i_{f'}) = \min \left\{ \Lambda^i_f(t^i_f), \Lambda^i_{f'}(t^i_{f'}) \right\} \tag{3.18}$$

avec :

$$\Lambda^i_f : t^i_f \mapsto (t^i_f - t^{i-}_f) \frac{N \cdot \overline{\varphi}}{D^i_f \cdot |\sin \theta|}$$

Pour exprimer le modèle 3 de façon linéaire, nous commençons par linéariser la quantité $|t^i_f - t^i_{f'}|$ correspondant à la différence de temps de passage des vols en i qui intervient dans la fonction objectif. La différence de temps de passage dépend de l'ordre de passage des vols en i. Nous proposons d'introduire une variable de décision binaire, $y^i_{ff'} \in \{0,1\}$, pour modéliser cette propriété :

$$\forall (f, f', i) : \quad y^i_{ff'} \equiv \begin{cases} 1 & \text{si } t^i_f \leq t^i_{f'} \\ 0 & \text{sinon} \end{cases}$$

Pour exprimer la différence de temps de passage des vols f et f' au point i nous introduisons la variable de décision $\Delta T^i_{ff'} \in \mathbb{R}$ qui satisfait les contraintes :

$$\forall (f, f', i) : \quad \Delta T^i_{ff'} \leq t^i_f - t^i_{f'} + 2(\overline{T}^i_{f'} - \underline{T}^i_f) \cdot y^i_{ff'} \tag{3.19}$$

$$\Delta T^i_{ff'} \geq t^i_f - t^i_{f'} \tag{3.20}$$

$$\Delta T^i_{ff'} = \Delta T^i_{f'f} \tag{3.21}$$

La variable binaire $y^i_{ff'}$ peut être introduite dans le modèle en utilisant les contraintes :

$$\forall (f, f', i) : \quad t^i_{f'} \leq t^i_f + (\overline{T}^i_{f'} - \underline{T}^i_f) \cdot y^i_{ff'} \tag{3.22}$$

$$y^i_{ff'} + y^i_{f'f} = 1 \tag{3.23}$$

Les contraintes ci-dessus nous permettent d'énoncer la propriété suivante.

Propriété 4. *Les variables de décision* $t^i_f, \Delta T^i_{ff'} \in \mathbb{R}$ *et* $y^i_{ff'} \in \{0, 1\}$ *vérifient les contraintes* (3.19) - (3.23) *si et seulement si :*

$$\Delta T^i_{ff'} = |t^i_f - t^i_{f'}| \tag{3.24}$$

Démonstration. Si $y^i_{ff'} = 0$, alors (3.22) $\Leftrightarrow t^i_{f'} \leq t^i_f$ donc $|t^i_f - t^i_{f'}| = t^i_f - t^i_{f'}$.
De plus (3.19) $\Leftrightarrow \Delta T^i_{ff'} \leq t^i_f - t^i_{f'}$. Comme (3.20) $\Leftrightarrow \Delta T^i_{ff'} \geq t^i_f - t^i_{f'}$,
$\Delta T^i_{ff'} = t^i_f - t^i_{f'} = |t^i_f - t^i_{f'}|$.
Si $y^i_{ff'} = 1$, alors (3.22) et (3.19) sont redondantes. (3.23) $\Leftrightarrow y^i_{f'f} = 0$,
donc par symétrie $|t^i_f - t^i_{f'}| = t^i_{f'} - t^i_f$ et $\Delta T^i_{f'f} = t^i_{f'} - t^i_f$. Enfin (3.21)
$\Leftrightarrow \Delta T^i_{ff'} = \Delta T^i_{f'f} = |t^i_f - t^i_{f'}|$. $\qquad \square$

Les variables de décision $\Delta T^i_{ff'}$ et $y^i_{ff'}$ nous permettent donc de linéariser l'expression de la différence de temps de passage entre les vols aux points de conflits qui est nécessaire pour calculer la charge de conflit d'une paire de vols. Pour compléter la linéarisation de la fonction objectif (3.17), il nous faut également linéariser l'expression de la partie positive de la charge de conflit d'une paire de vols. Pour cela, nous introduisons une variable de décision auxiliaire, $\omega^i_{ff'} \in \mathbb{R}$, et les contraintes suivantes :

$$\forall (f, f', i) : \quad \omega^i_{ff'} \geq \Lambda^i_{ff'}(t^i_f, t^i_{f'}) - \Delta T^i_{ff'} \tag{3.25}$$

$$\omega^i_{ff'} \geq 0 \tag{3.26}$$

$$\omega^i_{ff'} = \omega^i_{f'f} \tag{3.27}$$

Dans le modèle 3, la fonction $\Lambda^i_{ff'}(t^i_f, t^i_{f'})$ approxime la charge maximale de conflit d'une paire de vols. Cette fonction est la plus difficile à linéariser car elle est définie avec un opérateur min. Ainsi l'introduction d'une variable de décision $\tilde{\Lambda}^i_{ff'}$ pour remplacer la fonction $\Lambda^i_{ff'}(t^i_f, t^i_{f'})$ et des contraintes :

$$\forall (f, f', i) : \quad \tilde{\Lambda}^i_{ff'} \leq \Lambda^i_f(t^i_f)$$

ne fonctionne pas car la variable de décision $\tilde{\Lambda}^i_{ff'}$ ne possède pas de borne inférieure, ce qui invalide la formulation de notre fonction objectif. Pour contourner cet obstacle, nous proposons les deux pistes suivantes :

1. Reformuler la fonction $\Lambda^i_{ff'}(t^i_f, t^i_{f'})$ en remplaçant la fonction min par une fonction max dans l'expression (3.18). Cette 2ème approximation de la chage de conflit dégrade la précision du modèle mais elle permet d'obtenir une formulation linéaire de façon immédiate.

2. Linéariser, au prix de variables auxiliaires supplémentaires, la fonction $\Lambda^i_{ff'}(t^i_f, t^i_{f'})$ de sorte que le modèle obtenu soit une reformulation exacte du modèle 3 par la PLNE.

Afin de quantifier, en termes de variables de décision, les deux possibilités énoncées ci-dessus, nous proposons d'établir les deux formulations possibles. Nous commençons par traiter la première option qui consiste à reformuler la fonction $\Lambda^i_{ff'}(t^i_f, t^i_{f'})$.

Approximation de la fonction $\Lambda^i_{ff'}(t^i_f, t^i_{f'})$

Si nous remplaçons la fonction min par une fonction max dans (3.18), l'opérateur max peut être linéarisé avec les contraintes :

$$\forall(f, f', i) : \quad \tilde{\Lambda}^i_{ff'} \geq \Lambda^i_f(t^i_f)$$

où $\tilde{\Lambda}^i_{ff'}$ est une variable de décision. Pour simplifier la formulation du modèle, ces contraintes peuvent être directement intégrées dans la contrainte (3.25), ce qui nous conduit à la contrainte suivante :

$$\forall(f, f', i) : \quad \omega^i_{ff'} \geq \Lambda^i_f(t^i_f) - \Delta T^i_{ff'} \tag{3.28}$$

Remarque 2. *Contrairement à la contraite* (3.25), *la contrainte* (3.28) *n'est pas symétrique par rapport aux variables de décision t^i_f et $t^i_{f'}$. En permutant les indices f et f' dans les contraintes ci-dessus, la contrainte* (3.28) *devient :*

$$\omega^i_{f'f} \geq \Lambda^i_{f'}(t^i_{f'}) - \Delta T^i_{ff'} \tag{3.29}$$

Comme $\omega^i_{ff'} = \omega^i_{f'f}$, cela revient bien à utiliser un max *au lieu d'un* min *dans l'expression de la fonction $\Lambda^i_{ff'}(t^i_f, t^i_{f'})$.*

La fonction objectif du modèle pour minimiser la charge de conflit s'exprime alors :

$$\min \sum_{(f, f', i) \in \mathcal{P}_c} \frac{1}{2} \omega^i_{ff'}$$

Le terme $\frac{1}{2}$ est nécessaire car, si (f, f', i) est un point de conflit, alors par définition (f', f, i) est également un point de conflit. Le modèle 6 présente la reformulation ainsi obtenue.

Modèle 6 (2ème approximation de la charge de conflit, PLNE).

$$\min \sum_{(f,f',i)\in\mathcal{P}_c} \frac{1}{2}\omega_{ff'}^i$$

s.c. :

$$\forall f \in \mathcal{F}, i \in \mathcal{N} :$$

$$\underline{T}_f^i \leq t_f^i \leq \overline{T}_f^i$$

$$\forall (f, f', i) \in \mathcal{P}_c :$$

$$\omega_{ff'}^i \geq \Lambda_f^i(t_f^i) - \Delta T_{ff'}^i$$

$$\omega_{ff'}^i = \omega_{f'f}^i$$

$$\Delta T_{ff'}^i \leq t_f^i - t_{f'}^i + 2(\overline{T}_{f'}^i - \underline{T}_f^i) \cdot y_{ff'}^i$$

$$\Delta T_{ff'}^i \geq t_f^i - t_{f'}^i$$

$$\Delta T_{ff'}^i = \Delta T_{f'f}^i$$

$$t_{f'}^i \leq t_f^i + (\overline{T}_{f'}^i - \underline{T}_f^i) \cdot y_{ff'}^i$$

$$y_{ff'}^i + y_{f'f}^i = 1$$

$$t_f^i, \omega_{ff'}^i, \Delta T_{ff'}^i \in \mathbb{R}^+, \ y_{ff'}^i \in \{0, 1\}$$

Lorsque l'un des vols en conflit ne peut être régulé - par exemple si ce vol n'est pas en phase de croisière - la surestimation de la durée du conflit est réduite. En effet, dans ce cas de figure, le temps de passage du vol qui ne peut être régulé est fixe et il n'est pas nécessaire d'introduire les deux contraintes sur l'approximation de la charge de conflit associée. Ainsi seule l'une des contraintes (3.28) et (3.29) est active et la précision du modèle est nécessairement améliorée. Dans le cas général, il est possible d'avoir recours à des heuristiques pour choisir laquelle de ces deux contraintes retenir plutôt que d'utiliser le maximum des deux bornes supérieures. Avec la formulation adoptée dans le modèle 6, l'ensemble des variables de décision et contraintes requises pour traiter un conflit potentiel en croisement est composé de :

- 4 variables de décision continues : t_f^i, $t_{f'}^i$, $\omega_{ff'}^i$ et $\Delta T_{ff'}^i$,
- 1 variable de décision binaire : $y_{ff'}^i$,
- 8 contraintes.

Reformulation exacte du modèle 3 par la PLNE

Pour obtenir une borne supérieure plus précise, l'expression de l'approximation de la charge maximale de conflit d'une paire de vols peut également être linéarisée au prix de variables auxiliaires et de contraintes supplémentaires. Nous présentons le principe de cette linéarisation.

Soit $x_{ff'}^i \in \{0, 1\}$ la variable de décision définie comme suit :

$$\forall (f, f', i) : \quad x_{ff'}^i \equiv \begin{cases} 1 \text{ si } \Lambda_f^i(t_f^i) \leq \Lambda_{f'}^i(t_{f'}^i) \\ 0 \text{ sinon} \end{cases}$$

et soit G_f^i la constante réelle définie par la formule :

$$G_f^i = \frac{N \cdot \overline{\varphi}}{D_f^i \cdot |\sin \theta|}$$

La borne supérieure sur l'approximation de la charge maximale de conflit d'une paire de vols, $\Lambda_{ff'}^i(t_f^i, t_{f'}^i)$, définie comme le min entre $\Lambda_f^i(t_f^i)$ et $\Lambda_{f'}^i(t_{f'}^i)$ peut être exprimée avec les contraintes :

$$\Lambda_{ff'}^i(t_f^i, t_{f'}^i) \geq \Lambda_f^i(t_f^i) \cdot x_{ff'}^i = (t_f^i - t_f^{i-}) \cdot G_f^i \cdot x_{ff'}^i \quad (3.30)$$

$$\Lambda_{f'}^i(t_{f'}^i) \geq \Lambda_f^i(t_f^i) + (1 - x_{ff'}^i) \cdot M_{ff'}^i \quad (3.31)$$

avec :

$$M_{ff'}^i = \min_{t_f^i, t_{f'}^i} \left\{ \Lambda_{f'}^i(t_{f'}^i) - \Lambda_f^i(t_f^i) \right\} = (\underline{T}_{f'}^i - t_{f'}^{i-}) \cdot G_{f'}^i - (\overline{T}_f^i - t_f^{i-}) \cdot G_f^i \quad (3.32)$$

La contrainte (3.30) n'est pas linéaire en raison du produit entre la variable continue $t_f^i \in [\underline{T}_f^i, \overline{T}_f^i]$ et la variable binaire $x_{ff'}^i$. Nous pouvons reformuler ce produit en introduisant une variable auxiliaire $\chi_{ff'}^i \in [\underline{T}_f^i, \overline{T}_f^i]$, définie comme : $\chi_{ff'}^i \equiv t_f^i \cdot x_{ff'}^i$. Pour ce faire, nous introduisons les contraintes suivantes :

$$\forall (f, f', i) : \quad \begin{cases} \chi^i_{ff'} & \geq x^i_{ff'} \cdot \underline{T}^i_f \\ \chi^i_{ff'} & \leq x^i_{ff'} \cdot \overline{T}^i_f \\ \chi^i_{ff'} & \geq t^i_f - (1 - x^i_{ff'}) \cdot \overline{T}^i_f \\ \chi^i_{ff'} & \leq t^i_f - (1 - x^i_{ff'}) \cdot \underline{T}^i_f \end{cases} \qquad (3.33)$$

Si $x^i_{ff'} = 1$, alors les deux premières contraintes de l'ensemble 3.33 bornent la variable $\chi^i_{ff'}$ telle que : $\underline{T}^i_f \leq \chi^i_{ff'} \leq \overline{T}^i_f$; et les dernières contraintes impliquent : $\chi^i_{ff'} = t^i_f$, ce qui correspond à la quantité recherchée lorsque $x^i_{ff'} = 1$. Si $x^i_{ff'} = 0$, alors les deux premières contraintes de 3.33 impliquent $\chi^i_{ff'} = 0$ et les deux dernières deviennent redondantes. Pour plus de détail sur cette méthode de reformulation nous renvoyons le lecteur à [77]. Pour clarifier la rédaction des modèles subséquents, nous introduisons l'opérateur $\mathcal{L}(\cdot, \cdot)$ pour signaler l'usage de cette méthode de reformulation, ainsi nous écrirons par exemple :

$$\chi^i_{ff'} = \mathcal{L}(x^i_{ff'}, t^i_f)$$

pour désigner les contraintes 3.33, nécessaires à la linéarisation du produit entre les variables $x^i_{ff'}$ et t^i_f. La contrainte sur l'approximation de la charge de conflit dans le modèle 6 :

$$\omega^i_{ff'} \geq \Lambda^i_f(t^i_f) - \Delta T^i_{ff'}$$

peut alors être améliorée en intégrant la variable auxiliaire χ^i_f :

$$\omega^i_{ff'} \geq (\chi^i_{ff'} - t^{i-}_f \cdot x^i_{ff'}) \cdot G^i_f - \Delta T^i_{ff'}$$

Il faut alors ajouter les contraintes suivantes au modèle pour obtenir la formulation désirée :

$$\forall (f, f', i) : \quad (t^i_{f'} - t^{i-}_{f'}) \cdot G^i_{f'} \geq (t^i_f - t^{i-}_f) \cdot G^i_f + (1 - x^i_{ff'}) \cdot M^i_{ff'}$$
$$x^i_{ff'} + x^i_{f'f} = 1$$
$$\chi^i_{ff'} = \mathcal{L}(x^i_{ff'}, t^i_f)$$

Le modèle 7 est une reformulation linéaire exacte du modèle 3.

Modèle 7 (Approximation de la charge de conflit, PLNE).

$$\min \sum_{(f,f',i)\in\mathcal{P}_c} \frac{1}{2}\omega_{ff'}^i$$

s.c. :

$$\forall f \in \mathcal{F}, i \in \mathcal{N} :$$
$$\underline{T}_f^i \leq t_f^i \leq \overline{T}_f^i$$
$$\forall (f, f', i) \in \mathcal{P}_c :$$
$$\omega_{ff'}^i \geq (\chi_{ff'}^i - t_f^{i-} \cdot x_{ff'}^i) \cdot G_f^i - \Delta T_{ff'}^i$$
$$\omega_{ff'}^i = \omega_{f'f}^i$$
$$(t_{f'}^i - t_{f'}^{i-}) \cdot G_{f'}^i \geq (t_f^i - t_f^{i-}) \cdot G_f^i + (1 - x_{ff'}^i) \cdot M_{ff'}^i$$
$$\Delta T_{ff'}^i \leq t_f^i - t_{f'}^i + 2(\overline{T}_{f'}^i - \underline{T}_f^i) \cdot y_{ff'}^i$$
$$\Delta T_{ff'}^i \geq t_f^i - t_{f'}^i$$
$$\Delta T_{ff'}^i = \Delta T_{f'f}^i$$
$$t_{f'}^i \leq t_f^i + (\overline{T}_{f'}^i - \underline{T}_f^i) \cdot y_{ff'}^i$$
$$y_{ff'}^i + y_{f'f}^i = 1$$
$$x_{ff'}^i + x_{f'f}^i = 1$$
$$\chi_{ff'}^i = \mathcal{L}(x_{ff'}^i, t_f^i)$$
$$t_f^i, \omega_{ff'}^i, \Delta T_{ff'}^i, \chi_{ff'}^i \in \mathbb{R}^+, \ y_{ff'}^i, x_{ff'}^i \in \{0,1\}$$

En fin de compte, l'ensemble des variables de décision et des contraintes requises pour traiter un conflit potentiel en croisement est composé de :

- 5 variables de décision continues : t_f^i, $t_{f'}^i$, $\omega_{ff'}^i$, $\Delta T_{ff'}^i$ et $\chi_{ff'}^i$,
- 2 variables de décision binaires : $y_{ff'}^i$ et $x_{ff'}^i$,
- 15 contraintes.

La linéarisation complète du modèle 3 est donc particulièrement coûteuse en terme de nombres de contraintes mais elle double également le nombre de variables binaires requises par conflit en croisement par rapport à la formulation intermédiaire présentée dans le modèle 6. Afin de déterminer quel modèle est le plus adapté au pour résoudre le problème de la régulation de vitesse, nous proposons de comparer les performances des différents modèles développés sur des instances de benchmark.

Choix du modèle pour réduire les conflits en croisement : benchmarking

Nous rappelons les deux problèmes de benchmark considérés :

Problème du Cercle n_v avions sont placés de façon équidistante sur un quart de cercle : tous les vols se dirigent vers le centre et sont en conflit entre eux au centre du cercle, ainsi une instance à n_v vols contient $n_c = \frac{n_v(n_v-1)}{2}$ conflits en croisement.

Problème du Cercle avec déviation n_v avions sont placés de façon équidistante sur un cercle : leur cap est choisi aléatoirement avec un angle compris entre $\pm 30°$ par rapport au rayon du cercle.

Nous proposons de tester les 4 modèles minimisant la charge de conflit sur ces deux types d'instances. Nous rappelons que la fonction objectif du modèle 2 minimise la charge de conflit précisement, tandis que celles des modèles 3, 6 et 7 minimisent une fonction approximant la charge de conflit. Les modèles 2 et 3 sont des PNL, pour les résoudre nous utilisons le solveur IPOPT [63]. Les modèles 6 et 7 sont des PLNE et nous utilisons le solveur CPLEX pour les résoudre. Pour les deux problèmes, le rayon du cercle est choisi égal à 100 NM et les vitesses des vols comprises entre 6 NM/min et 9 NM/min. Les résultats obtenus sont présentés dans les tableaux 3.1 et 3.2.

Sur le problème du Cercle, l'ensemble des instances jusqu'à $n_v = 5$ sont résolus de façon optimale par tous les modèles. Pour $n_v = 6$, le modèle 3 est le seul à ne pas trouver une solution sans conflit. Le modèle 7 est une version linéaire du modèle 3, puisque le modèle 7 est capable de trouver une solution sans conflit, nous pouvons conclure que la solution du modèle 3 est un optimum local. Ce n'est qu'à partir de 7 vols que les modèles 6 et 7 sont mis à l'épreuve. Les temps de calcul requis par les modèles 6 et 7 sont conformes à nos estimations : le modèle 7 comportant plus de variables de décision, il requiert un temps de calcul supérieur au modèle 6. En particulier, si $n_v = 10$, le modèle 7 ne parvient pas à trouver une solution optimale après 10 minutes de calcul. La durée totale des conflits correspondante est

n_v	n_c	Modèle	Objectif	Temps(s)	Charge	Durée(min)
			Problème du Cercle			
2	1	2	0	0.02	0	0
		3	0	0	0	0
		6	0	0	0	0
		7	0	0	0	0
3	3	2	0	0.02	0	0
		3	0	0.02	0	0
		6	0	0	0	0
		7	0	0	0	0
4	6	2	0	0.02	0	0
		3	0	0.02	0	0
		6	0	0.01	0	0
		7	0	0	0	0
5	10	2	0	0	0	0
		3	0	0	0	0
		6	0	0	0	0
		7	0	0.01	0	0
6	15	2	0	0.02	0	0
		3	0.94	0.02	0.37	1.68
		6	0	0.01	0	0
		7	0	0.01	0	0
7	21	2	0	0.02	0	0
		3	2.19	0.02	0.72	3.88
		6	0.71	0.3	0.42	0.69
		7	0.37	2.2	0.15	0.48
8	28	2	0	0.02	0	0
		3	3.95	0.03	0.9	6.64
		6	1.72	2.84	1.05	1.19
		7	1.3	18.8	0.5	1.34
9	36	2	0.11	0.02	0.11	1.66
		3	6	0.06	0.9	7.08
		6	2.84	9.83	1.66	1.93
		7	2.34	128	1.33	2.23
10	45	2	0.71	0.02	0.71	7.18
		3	9.48	0.05	1.15	5.99
		6	4.08	45.48	2.37	3.63
		7	3.44 (gap=30%)	600	2.06	2.97

TABLE 3.1 – Performances des modèles pour réduire les conflits en croisement sur le problème du Cercle : les avions sont disposés de façon équidistante sur un quart de cercle et se dirigent vers le centre du cercle.

			Problème du Cercle avec déviation aléatoire			
n_v	n_c	Modèle	Objectif	Temps(s)	Charge	Durée(min)
10	35	2	0	0.02	0	0
		3	0.05	0.03	0	0
		6	0	0	0	0
		7	0	0	0	0
20	143	2	18.37	0.05	18.37	4.8
		3	16.38	0.08	12.9	3.52
		6	17.76	0	12.26	0.27
		7	10.04	0.11	10.04	0.29
30	328	2	14.47	0.17	14.47	8.6
		3	23.16	0.2	16.66	7.44
		6	29.21	0.02	11.99	0.8
		7	5.42	0.5	5.42	0.48
40	602	2	55.54	0.3	55.54	29.86
		3	86.23	0.54	58.6	26.9
		6	53.13	0.06	28.99	1.02
		7	15.47	0.52	15.47	0.89
50	968	2	84.36	0.47	84.36	65.16
		3	121.9	0.93	68.23	56.04
		6	51.13	0.16	31.95	1.07
		7	23.64	1.67	23.64	1.07
60	1336	2	110.39	1.25	110.39	94.13
		3	178.4	1.44	105.47	86.1
		6	70.75	0.22	21.59	3.87
		7	19.99	4.08	19.99	3.88
70	1837	2	993.7	2.15	993.7	155.7
		3	1286	4.38	1166	126
		6	1134	0.33	887.1	3.99
		7	1084	3.09	1084	3.74
80	2457	2	306.9	2.65	306.9	218.16
		3	463.3	5.11	309.5	188.25
		6	231.5	0.5	139.4	8.05
		7	139.8	11.6	139.8	8.12
90	3078	2	362.7	3.61	362.7	278.6
		3	572.7	3.41	375.6	268.3
		6	253.6	0.66	141.7	11.6
		7	127.9	10.13	127.9	11.5
100	3882	2	359.1	15.95	359.1	383.4
		3	549.7	4.96	333.9	303.3
		6	196.5	1.01	69.39	13.32
		7	61.77	18.67	61.77	13.39

TABLE 3.2 – Performances des modèles pour réduire les conflits en croisement sur le problème du Cercle avec une déviation aléatoire entre ±30° : les avions sont disposés de façon équidistante autour du cercle.

cependant inférieure à celle des obtenues avec les autres modèles considérés. Le problème du Cercle avec déviation aléatoire nous permet de valider l'usage d'une formulation linéaire. En effet, les résultats obtenus sur ce type d'instance montrent clairement que les modèles 6 et 7 sont plus performant que les modèles 2 et 3, et ce pour les deux indicateurs (charge et durée) observés. La valeur de la fonction objectif du modèle 7 est égale à la charge de conflit, cela signifie que les vitesses optimales des vols sont systématiquement des vitesses minimales ou maximales. Cela rend compte de la difficulté de ce type d'instance : chaque vol étant impliqué dans plusieurs conflits distincts, le problème est fortement contraint et il n'existe pas de solutions sans conflits. Le modèle 7 minimisant la même grandeur que le modèle 3, l'indicateur sur la charge de conflit souligne la capacité des solveurs mixtes commerciaux à traiter de grands problèmes d'optimisation. Cependant, les temps de calcul du modèle 6 démontrent l'efficacité de cette formulation linéaire au détriment d'une formulation exacte qui requiert systématiquement un temps d'éxécution plus grand. Globalement le modèle 6 semble donc être le plus adapté pour minimiser la durée totale des conflits : dans l'ensemble des instances étudiées, le temps d'éxécution le plus grand est inférieur à une minute et la qualité des solutions obtenues est très proche de celle fournie par le modèle 7. Nous utiliserons donc le modèle 6 pour réduire les conflits en croisement. Dans la section suivante, nous traitons le cas des conflits en poursuite.

3.2.2 Réduction des conflits en poursuite

Pour développer une formulation linéaire du modèle pour réduire les conflits en poursuite, nous rappelons la formulation du modèle 5. La fonction objectif est simplement :

$$\min \rho^S$$

où ρ^S désigne la durée d'un conflit en poursuite lorsqu'une discipline FIFO est appliquée sur le segment S. Pour simplifier la formulation du modèle original 4, nous avons choisi d'exprimer les contraintes sur la durée du conflit en poursuite en fonction de la vitesse minimale du leader, $\underline{V}_l$, et maximale du poursuivant $\overline{V}_p$. Ce choix sur les vitesses des vols correspond au pire scénario dans un contexte de conflit en poursuite. Nous rappelons ici les contraintes du modèle 5 :

$$\rho^S = \begin{cases} t^j - t^i & \text{si } \frac{N}{\overline{V}_p} \geq |t^i_f - t^i_{f'}| \\ 0 & \text{sinon} \end{cases} \quad \text{si } \underline{V}_l = \overline{V}_p$$

$$\rho^S = \left(\min(\tau^e - t^i, t^j - t^i)\right)^+ \quad \text{si } \underline{V}_l > \overline{V}_p$$

$$\rho^S = \left(\min(t^j - \tau^b, t^j - t^i)\right)^+ \quad \text{si } \underline{V}_l < \overline{V}_p$$

Dans chaque cas de figure, l'expression de ρ^S dépend non-linéairement des variables de décision t^i_f, $t^i_{f'}$, t^j_f et $t^j_{f'}$; les conditions sur les vitesses du leader et du poursuivant étant indépendantes de ces variables de décision, nous pouvons procéder séquentiellement. Nous commençons par traiter le cas des vitesses égales, $\underline{V}_l = \overline{V}_p$, avant de considérer le cas du distancement, $\underline{V}_l > \overline{V}_p$ et du rattrapage $\underline{V}_l < \overline{V}_p$.

Modélisation de la condition de séparation à l'entrée du segment

Dans notre modèle pour la minimisation de la durée des conflits en poursuite, lorsque $\underline{V}_l = \overline{V}_p$, la durée du conflit s'étend sur tout le segment $[t_i, t_j]$ si les vols sont en conflit en i. Pour résoudre le conflit, il suffit donc de séparer les vols en i. Dans la section 3.1.2, nous avons établi la condition de séparation entre les vols f et f' au voisinage d'un noeud i, lorsque l'angle entre les trajectoires des vols est nul et f est le leader (voir équation (3.9)), que nous rappelons ici :

$$|t^i_f - t'^i_f| \geq \frac{N}{v_{f'}}$$

Pour modéliser la condition de séparation à l'entrée d'un segment de vol partagé, nous proposons d'introduire la variable de décision $z^i_{ff'} \in \{0,1\}$ définie telle que :

$$z^i_{ff'} \equiv \begin{cases} 1 & \text{si } N/\overline{V}_{f'} < t^i_{f'} - t^i_f \text{ et si } f \text{ leader} \\ 0 & \text{sinon} \end{cases}$$

$z^i_{ff'}$ vaut 1 si $\Delta T^i_{ff'} > N/\overline{V}_{f'}$ lorsque f est le leader. En permutant les indices f et f' la variable $z^i_{ff'}$ devient $z^i_{f'f}$ qui vaut 1 si $\Delta T^i_{ff'} > N/\overline{V}_f$ lorsque f' est le leader ; dans le cas où les vols ne peuvent être séparés en i, quelque soit le leader, $z^i_{ff'} = z^i_{f'f} = 0$.

Remarque 3. *A contrario des variables $y_{ff'}^i$ et $y_{f'f}^i$, les variables $z_{ff'}^i$ et $z_{f'f}^i$ ne sont pas complémentaires, c'est-à-dire que leur somme n'est pas nécessairement égale à 1. La séparation des vols en i est indépendante du leadership.*

La durée du conflit dépend donc du leadership ; pour modéliser cette propriété nous proposons donc de décliner la variable ρ^S selon si f ou f' est le leader. Pour cela nous introduisons les variables de décision $\rho_{ff'}^S$ et $\rho_{f'f}^S$.

$$\rho_{ff'}^S \equiv \begin{cases} \rho^S & \text{si } f \text{ est le leader} \\ 0 & \text{sinon} \end{cases} \quad \text{et} \quad \rho_{f'f}^S \equiv \begin{cases} \rho^S & \text{si } f' \text{ est le leader} \\ 0 & \text{sinon} \end{cases}$$

Nous définissons ainsi ρ^S comme la somme des variables $\rho_{ff'}^S$ et $\rho_{f'f}^S$:

$$\rho^S = \rho_{ff'}^S + \rho_{f'f}^S \tag{3.34}$$

Le membre de droite de l'équation (3.34) devient alors l'objectif à minimiser. Les contraintes sur $\rho_{ff'}^S$ et $\rho_{f'f}^S$ étant symétriques, nous présenterons uniquement celles sur $\rho_{ff'}^S$, qui sont actives lorsque f est le leader. Pour reformuler les contraintes sur la durée du conflit lorsque les vitesses pire-cas sont égales, nous introduisons une borne supérieure sur la durée du conflit en poursuite dans cette configuration. Soit $\overline{\rho}_{ff'}^S = \overline{T}_f^j - \underline{T}_{ff'}^i$, $\overline{\rho}_{ff'}^S$ est une borne supérieure sur la durée du conflit lorsque f est le leader et les vitesses pire-cas sont égales. Considérons les contraintes suivantes :

$$\rho_{ff'}^S \leq z_{ff'}^i \cdot \overline{\rho}_{ff'}^S \tag{3.35}$$

$$\rho_{ff'}^S \geq (t_f^j - t_{f'}^i) - z_{ff'}^i \cdot \overline{\rho}_{ff'}^S \tag{3.36}$$

Si f est le leader et les vols sont séparés, $z_{ff'}^i = 1$ et la contrainte (3.36) devient redondante. Si $z_{ff'}^i = 0$, alors lors de la minimisation $\rho_{ff'}^S = t_f^j - t_{f'}^i$ ce qui correspond bien à la durée du conflit lorsque f est le leader. Pour modéliser la condition de séparation à l'entrée du segment S nous utilisons la contrainte :

$$t_{f'}^i - t_f^i \geq (1 - z_{ff'}^i) \cdot N/\overline{V}_{f'} - (\overline{T}_f^i - \underline{T}_{f'}^i + N/\overline{V}_{f'}) \cdot (1 - y_{ff'}^i) \tag{3.37}$$

Pour valider notre formulation, il faut assurer que chaque contrainte soit symétrique par rapport au leadership des conflits. Si f est le leader, $y_{ff'}^i = 1$ et la contrainte 3.37 devient :

$$t^i_{f'} - t^i_f \geq (1 - z^i_{ff'}) \cdot N/\overline{V}_{f'} \tag{3.38}$$

ce qui modélise correctement la condition de séparation à l'entrée du segment. Si $y^i_{ff'} = 0$, $t^i_{f'} \leq t^i_f$ et la contrainte 3.37 devient :

$$t^i_{f'} - t^i_f - (\underline{T}^i_{f'} - \overline{T}^i_f) \geq (1 - z^i_{ff'}) \cdot N/\overline{V}_{f'} - N/\overline{V}_{f'} \tag{3.39}$$

qui est une contrainte redondante. Réciproquement la contrainte 3.37 peut s'écrire :

$$t^i_f - t^i_{f'} \geq (1 - z^i_{f'f}) \cdot N/\overline{V}_f - (\overline{T}^i_{f'} - \underline{T}^i_f + N/\overline{V}_f) \cdot y^i_{ff'} \tag{3.40}$$

ce qui est la relation recherchée quand f' est le leader. Il est possible de montrer que les contraintes (3.35) et (3.36) fonctionnent identiquement. Enfin pour modéliser la dépendance entre les variables binaires $y^i_{ff'}$ et $z^i_{ff'}$, nous introduisons la contrainte :

$$z^i_{ff'} \leq y^i_{ff'} \tag{3.41}$$

Cette contrainte découle directement de la définition de $z^i_{ff'}$ et permet de lier les variables binaires. L'ensemble des contraintes pour le cas des vitesses égales est donc :

$$\forall (f, f', S) \in \mathcal{P}_t \text{ tel que } \underline{V}_f = \overline{V}_{f'} :$$

$$\rho^S_{ff'} \leq z^i_{ff'} \cdot \overline{\rho}^S_{ff'}$$

$$\rho^S_{ff'} \geq (t^j_f - t^i_{f'}) - (1 - z^i_{ff'}) \cdot \overline{\rho}^S_{ff'}$$

$$\rho^S_{ff'} \geq 0$$

$$z^i_{ff'} \leq y^i_{ff'}$$

$$t^i_{f'} - t^i_f \geq (1 - z^i_{ff'}) \cdot D/\overline{V}_{f'} - (\overline{T}^i_f - \underline{T}^i_{f'} + D/\overline{V}_{f'}) \cdot (1 - y^i_{ff'})$$

Nous avons donc traité le cas des vitesses égales en introduisant une variable binaire pour modéliser la séparation des vols à l'entrée du segment partagé. Dans la section suivante, nous traitons les cas où les vitesses au pire-cas sont significativement différentes : $\underline{V}_l > \overline{V}_p$ ou $\underline{V}_l < \overline{V}_p$.

Distancement et dépassement

Si $\underline{V}_l \neq \overline{V}_p$, nous distinguons deux situations :

- Distancement ou $\underline{V}_l > \overline{V}_p$: le leader distance *nécessairement* le poursuivant.
- Dépassement ou $\underline{V}_l < \overline{V}_p$: le poursuivant rattrape *potentiellement* le leader.

Dans les deux cas de figure, nous pouvons estimer les instants de début, τ^b, et de fin, τ^e, de perte de séparation entre les deux sur un segment infini et comparer leurs positions relatives avec les instants t^i et t^j. Nous rappelons les contraintes sur la durée d'un conflit en poursuite lorsque $\underline{V}_l \neq \overline{V}_p$:

$$\rho^S = (\min(\tau^e - t^i, t^j - t^i))^+ \quad \text{si} \quad \underline{V}_l > \overline{V}_p \qquad (3.42)$$

$$\rho^S = (\min(t^j - \tau^b, t^j - t^i))^+ \quad \text{si} \quad \underline{V}_l < \overline{V}_p \qquad (3.43)$$

La durée maximale d'un conflit en poursuite sur le segment S étant $t^j - t^i$, le temps du conflit peut être déterminé en tronquant le segment $[t^i, t^j]$. Pour cela, nous introduisons la variable $\psi^S \in \mathbb{R}$ et proposons de linéariser les opérateurs max et min dans les contraintes (3.42) et (3.43) :

$$\rho^S \geq t^j - t^i - \psi^S$$

$$\rho^S \geq 0$$

$$\psi^S \leq (t^j - \tau^e) \cdot y^e \quad \text{si } \underline{V}_l > \overline{V}_p$$

$$\psi^S \leq (\tau^b - t^i) \cdot y^b \quad \text{si } \underline{V}_l < \overline{V}_p$$

avec y^e et y^b les variables binaires définies comme suit :

$$y^e = \begin{cases} 1 & \text{si } \tau^e \leq t^j \\ 0 & \text{sinon} \end{cases} \quad \text{et} \quad y^b = \begin{cases} 1 & \text{si} t^i \leq \tau^b \\ 0 & \text{sinon} \end{cases}$$

Pour développer une formulation linéaire, il faut décliner le cas général en fonction du leadership du conflit. La variable ψ^S peut naturellement se décliner en deux variables de décision $\psi^S_{ff'}, \psi^S_{f'f} \in \mathbb{R}$ définies telles que :

$$\psi^S_{ff'} \equiv \begin{cases} \psi^f & \text{si } f \text{ est le leader} \\ 0 & \text{sinon} \end{cases} \quad \text{et} \quad \psi^S_{f'f} \equiv \begin{cases} \psi^f & \text{si } f' \text{ est le leader} \\ 0 & \text{sinon} \end{cases}$$

et similairement les variables binaires y^b et y^e peuvent se décliner en deux paires de variables de décision. Soient $y_{ff'}^{i,e}, y_{ff'}^{i,b} \in \{0,1\}$ les variables de décision définies comme suit :

$$y_{ff'}^{i,e} = \begin{cases} 1 & \text{si } \tau_f^{i,e} \leq t_f^j \text{ et si } f \text{ leader} \\ 0 & \text{sinon} \end{cases}$$

$$y_{ff'}^{i,b} = \begin{cases} 1 & \text{si } t_{f'}^i \leq \tau_f^{i,b} \text{ et si } f \text{ leader} \\ 0 & \text{sinon} \end{cases}$$

L'ensemble des contraintes impliquées lorsque f est le leader est :

$$\rho_{ff'}^S \geq (t_f^j - t_{f'}^i) \cdot y_{ff'}^i - \psi_{ff'}^S \tag{3.44}$$

$$\rho_{ff'}^S \geq 0 \tag{3.45}$$

$$\psi_{ff'}^S \leq (t_f^j - \tau_f^{i,e}) \cdot y_{ff'}^{i,e} \quad \text{si} \quad \underline{V}_f > \overline{V}_{f'} \tag{3.46}$$

$$\psi_{ff'}^S \leq (\tau_f^{i,b} - t_{f'}^i) \cdot y_{ff'}^{i,b} \quad \text{si} \quad \underline{V}_f < \overline{V}_{f'} \tag{3.47}$$

Pour linéariser ces contraintes, il faut reformuler les produits entre les variables de décision continues et binaires. Comme nous l'avons vu dans la section 2.2.2, nous pouvons écrire un ensemble de contraintes linéaires telles que l'unique solution réalisable est le produit entre une variable de décision continue et binaire. Cette méthode de reformulation est introduite dans la section 3.2.1. Nous définissons donc la variable de décision β_f^i comme la linéarisation du produit entre le temps de passage t_f^i et la variable $y_{ff'}^i$:

$$\beta_f^i = \mathcal{L}(t_f^i, y_{ff'}^i) \quad \Leftrightarrow \quad \beta_f^i \equiv t_f^i \cdot y_{ff'}^i$$

(3.44) peut alors être exprimée comme suit :

$$\rho_{ff'}^S \geq \beta_f^j - \beta_{f'}^i - \psi_{ff'}^S$$

Pour linéariser les contraintes (3.46) et (3.47), les quantités $t_f^j - \tau_f^{i,e}$ et $\tau_f^{i,b} - t_{f'}^i$ peuvent être exprimées comme suit :

100

$$(t_f^j - \tau_f^{i,e}) \cdot y_{ff'}^{i,e} = \left(t_f^j - \frac{-N + \overline{V}_{f'}(t_{f'}^i - t_f^i)}{\overline{V}_{f'} - \underline{V}_f} \right) \cdot y_{ff'}^{i,e} \quad \text{si } \underline{V}_f > \overline{V}_{f'} \quad (3.48)$$

$$(\tau_f^{i,b} - t_{f'}^i) \cdot y_{ff'}^{i,b} = \left(\frac{-N + \overline{V}_{f'}(t_{f'}^i - t_f^i)}{\overline{V}_{f'} - \underline{V}_f} - t_{f'}^i \right) \cdot y_{ff'}^{i,b} \quad \text{si } \underline{V}_f < \overline{V}_{f'} \quad (3.49)$$

et similairement nous pouvons définir les variables de décision $\beta_f^{i,e}$ et $\beta_f^{i,b}$ comme suit :

$$\beta_f^{i,e} = \mathcal{L}(t_f^i, y_{ff'}^{i,e}) \quad \text{et} \quad \beta_f^{i,b} = \mathcal{L}(t_f^i, y_{ff'}^{i,b})$$

Les contraintes (3.48) et (3.49) deviennent ainsi :

$$(t_f^j - \tau_f^{i,e}) \cdot y_{ff'}^{i,e} = \beta_f^{j,e} - \frac{-N y_{ff'}^{i,e} + \overline{V}_{f'}(\beta_{f'}^{i,e} - \beta_f^{i,e})}{\overline{V}_{f'} - \underline{V}_f} \quad \text{si } \underline{V}_f > \overline{V}_{f'}$$

$$(\tau_f^{i,b} - t_{f'}^i) \cdot y_{ff'}^{i,b} = \frac{-N y_{ff'}^{i,b} + \overline{V}_{f'}(\beta_{f'}^{i,b} - \beta_f^{i,b})}{\overline{V}_{f'} - \underline{V}_f} - \beta_{f'}^{i,b} \quad \text{si } \underline{V}_f < \overline{V}_{f'}$$

et par conséquent (3.46) et (3.47) peuvent être exprimées de façon linéaire. Pour conclure la formulation des sous-modèles pour le distancement et le dépassement, il suffit de contraindre les variables de décision $y_{ff'}^{i,e}$ et $y_{ff'}^{i,b}$, considérons les contraintes :

$$t_f^j - \tau_f^{i,e} \geq (1 - y_{ff'}^{i,e}) \cdot \left(\underline{T}_f^j - \max_{t_f^i, t_{f'}^i} \tau_f^{i,e} \right) \quad \text{si } \underline{V}_f > \overline{V}_{f'} \qquad (3.50)$$

$$\tau_f^{i,b} - t_{f'}^i \geq (1 - y_{ff'}^{i,b}) \cdot \left(\min_{t_f^i, t_{f'}^i} \tau_f^{i,b} - \overline{T}_{f'}^i \right) \quad \text{si } \underline{V}_f < \overline{V}_{f'} \qquad (3.51)$$

avec :

$$\max_{t_f^i, t_{f'}^i} \tau_f^{i,e} = \frac{-N + \overline{V}_{f'}(\underline{T}_{f'}^i - \overline{T}_f^i)}{\overline{V}_{f'} - \underline{V}_f} \quad \text{si } \underline{V}_f > \overline{V}_{f'}$$

$$\min_{t_f^i, t_{f'}^i} \tau_f^{i,b} = \frac{-N + \overline{V}_{f'}(\underline{T}_{f'}^i - \overline{T}_f^i)}{\overline{V}_{f'} - \underline{V}_f} \quad \text{si } \underline{V}_f < \overline{V}_{f'}$$

Soient les constantes $M_f^{i,e}$ et $M_f^{i,b}$ définies comme suit :

$$M_f^{i,e} = \underline{T}_f^j - \frac{-N + \overline{V}_{f'}(\underline{T}_{f'}^i - \overline{T}_f^i)}{\overline{V}_{f'} - \underline{V}_f}$$

$$M_f^{i,b} = \frac{-N + \overline{V}_{f'}(\underline{T}_{f'}^i - \overline{T}_f^i)}{\overline{V}_{f'} - \underline{V}_f} - \overline{T}_{f'}^i$$

Les contraintes (3.50) et (3.51) peuvent être exprimées comme suit :

$$t_f^j \geq \frac{-D + \overline{V}_{f'}(t_{f'}^i - t_f^i)}{\overline{V}_{f'} - \underline{V}_f} + (1 - y_{ff'}^{i,e}) \cdot M_f^{i,e} \quad \text{si } \underline{V}_f > \overline{V}_{f'} \qquad (3.52)$$

$$t_{f'}^i \leq \frac{-D + \overline{V}_{f'}(t_{f'}^i - t_f^i)}{\overline{V}_{f'} - \underline{V}_f} - (1 - y_{ff'}^{i,b}) \cdot M_f^{i,b} \quad \text{si } \underline{V}_f < \overline{V}_{f'} \qquad (3.53)$$

La contrainte (3.52) (resp. (3.53)) modélise le rôle de la variable de décision $\beta_f^{i,e}$ (resp. $\beta_f^{i,b}$) qui vaut 1 lorsque l'estimation de la fin (resp. du début) du conflit est antérieure (resp. postérieure) à l'instant t^j (resp. t^i) et f (resp. f') est le leader. En effet, si $\beta_f^{i,e} = 1$ (resp. $\beta_f^{i,b} = 1$), alors (3.52) (resp. (3.53)) devient $t_f^j \geq \tau_f^{i,e}$ (resp. $\tau_f^{i,b} \geq t_{f'}^i$). A contrario, si $\beta_f^{i,e} = 0$ (resp. $\beta_f^{i,b} = 0$), (3.52) (resp. (3.53)) devient redondante. Ici aussi, il est possible de lier les variables binaires du modèle en incluant les contraintes suivantes :

$$y_{ff'}^{i,e} \leq y_{ff'}^i \quad \text{et} \quad y_{ff'}^{i,b} \leq y_{ff'}^i \qquad (3.54)$$

Le modèle 8 est la version linéaire du modèle 5. Ce modèle est composé de :

- 8 variables de décision continues : t_f^i, $t_{f'}^i$, $\Delta T_{ff'}^i$, $\rho_{ff'}^S$, $\psi_{ff'}^S$, β_f^i, $\beta_f^{i,e}$, et $\beta_f^{i,b}$,
- 4 variables de décision binaires : $y_{ff'}^i$, $z_{ff'}^i$, $y_{ff'}^{i,e}$ et $y_{ff'}^{i,b}$,
- 23 contraintes (simultanément actives).

Le nombre de variables et de contraintes requises est très élevé en comparaison avec la formulation linéaire du modèle pour les conflits en croisement. Il faut toutefois souligner que le nombre de conflits en poursuite est faible devant le nombre de conflits en croisement, environ 30 conflits potentiels en croisement sont détectés par conflit potentiel en poursuite, ce qui permet de maintenir un équilibre entre le poids des deux modèles (pour plus de détails sur le nombre de conflits potentiels détectés nous renvoyons le lecteur à la section 5.1.3 et à la figure 5.6).

Dans ce chapitre, nous avons présenté un algorithme pour détecter les conflits potentiels dans un réseau aérien. L'algorithme a pour objectif de déterminer les ensembles de conflits potentiels en croisement et en poursuite de façon à pouvoir par la suite appliquer les modèles de réduction des conflits. Les formulations linéaires des modèles pour réduire les conflits obtenues dans cette section nous permettent de considérer de réelles instances de trafic aérien. Dans les chapitres suivants, nous utiliserons le mot "modèle" pour désigner l'ensemble des algorithmes et des modèles de réduction des conflits que nous avons développé jusqu'à présent. Ainsi notre modèle comprend pour l'instant :

- un algorithme pour détecter les conflits potentiels (voir 3.1.2),
- un modèle pour réduire les conflits en croisement (le modèle 6),
- un modèle pour réduire les conflits en poursuite (le modèle 8).

Avant d'évaluer les performances de notre modèle, il est nécessaire de prendre en compte le caractère incertain de la gestion du trafic aérien. C'est l'objet du chapitre suivant.

Modèle 8 (Approximation de la durée d'un conflit en poursuite, PLNE).

$$\min \sum_{(f,f',S)\in\mathcal{P}_t} \rho_{ff'}^S + \rho_{f'f}^S$$

s.c. :

$\forall f \in \mathcal{F}:$

$\quad \underline{T}_f^i \leq t_f^i \leq \overline{T}_f^i$

$\forall (f,f',S) \in \mathcal{P}_t:$

$$\left.\begin{aligned}
&\rho_{ff'}^S \leq z_{ff'}^i \cdot \overline{\rho}_{ff'}^S \\
&\rho_{ff'}^S \geq (t_f^j - t_{f'}^i) - (1 - z_{ff'}^i) \cdot \overline{\rho}_{ff'}^S \\
&z_{ff'}^i \leq y_{ff'}^i \\
&t_{f'}^i \geq t_f^i + (1 - z_{ff'}^i) \cdot N/\overline{V}_{f'} - (\overline{T}_f^i - \underline{T}_{f'}^i + N/\overline{V}_{f'}) \cdot (1 - y_{ff'}^i)
\end{aligned}\right\} si\ \underline{V}_f = \overline{V}_{f'}$$

$$\rho_{ff'}^S \geq \beta_f^j - \beta_{f'}^i - \psi_{ff'}^S \quad \Big\}\ si\ \underline{V}_f \neq \overline{V}_{f'}$$

$$\left.\begin{aligned}
&y_{ff'}^{i,e} \leq y_{ff'}^i \\
&\psi_{ff'}^S \leq \beta_f^{j,e} - \frac{1}{\overline{V}_{f'}-\underline{V}_f}\left(\overline{V}_{f'}(\beta_{f'}^{i,e} - \beta_f^{i,e}) - N y_{ff'}^{i,e}\right) \\
&t_f^j \geq \frac{1}{\overline{V}_{f'}-\underline{V}_f}\left(\overline{V}_{f'}(t_{f'}^i - t_f^i) - N\right) + (1 - y_{ff'}^{i,e}) \cdot M_f^{i,e}
\end{aligned}\right\} si\ \underline{V}_f > \overline{V}_{f'}$$

$$\left.\begin{aligned}
&y_{ff'}^{i,b} \leq y_{ff'}^i \\
&\psi_{ff'}^S \leq \frac{1}{\overline{V}_{f'}-\underline{V}_f}\left(\overline{V}_{f'}(\beta_{f'}^{i,b} - \beta_f^{i,b}) - N y_{ff'}^{i,b}\right) - \beta_{f'}^{i,b} \\
&t_{f'}^i \leq \frac{1}{\overline{V}_{f'}-\underline{V}_f}\left(\overline{V}_{f'}(t_{f'}^i - t_f^i) - N\right) - (1 - y_{ff'}^{i,b}) \cdot M_f^{i,b}
\end{aligned}\right\} si\ \underline{V}_f < \overline{V}_{f'}$$

$$\begin{aligned}
&y_{ff'}^i = y_{ff'}^j \\
&t_{f'}^i \leq t_f^i + (\overline{T}_{f'}^i - \underline{T}_f^i) \cdot y_{ff'}^i \\
&1 = y_{ff'}^i + y_{f'f}^i \\
&\beta_f^i = \mathcal{L}(t_f^i, y_{ff'}^i) \\
&\beta_f^{i,e} = \mathcal{L}(t_f^i, y_{ff'}^{i,e}) \\
&\beta_f^{i,b} = \mathcal{L}(t_f^i, y_{ff'}^{i,b})
\end{aligned}$$

$t_f^i, t_{f'}^i, \Delta T_{ff'}^i, \rho_{ff'}^S, \psi_{ff'}^S, \beta_f^i, \beta_f^{i,e}, \beta_f^{i,b} \in \mathbb{R}^+, y_{ff'}^i, z_{ff'}^i, y_{ff'}^{i,e}, y_{ff'}^{i,b} \in \{0,1\}.$

Chapitre 4

Prise en compte de l'incertitude et cadre expérimental

Sommaire

Dans le chapitre précédent, nous avons étendu notre modèle à la gestion globale du trafic sur un horizon de temps donné. Cette approche a été retenue afin de pouvoir traiter des instances de grande taille, en tirant partie des performances des solveurs de PLNE. Dans le problème de la réduction des conflits, une instance peut être définie comme un ensemble de trajectoires, délimitant ainsi l'espace aérien considéré. Afin d'évaluer les performances de notre modèle, nous souhaitons tester notre modèle sur des instances de trafic réelles, comportant des trajectoires de vol existantes. Pour reproduire des conditions de vol réalistes, il est nécessaire d'introduire un aléa sur la position des vols, ou plus généralement, sur la trajectoire des aéronefs. En effet, dans le monde opérationnel, la prévision des trajectoires des vols doit tenir compte des multiples sources d'incertitude inhérentes à la gestion du trafic aérien. La prise en compte de l'incertitude en prévision de trajectoire est donc une étape nécessaire pour traiter le problème de la capacité de l'espace aérien, car elle permet de tester la robustesse du modèle développé face cet aléa omniprésent dans le domaine de la prévision de trajectoire. Pour valider notre approche face au problème de la capacité de l'espace aérien, à défaut de pouvoir implémenter notre modèle dans un contexte opérationnel, nous proposons d'utiliser un outil de simulation capable de reproduire de façon réaliste les trajectoires des vols. Afin de parvenir à reproduire de telles conditions de circulation, l'application des consignes de modulations de vitesse et la prise en compte de l'incertitude en prévision de trajectoire sont des composantes qui doivent être intégrées à l'environnement de validation. La première partie de ce chapitre 4.1 est consacrée à la modélisation de l'incertitude en prévision de trajectoire dans notre modèle. Dans la partie suivante 4.2, nous présentons une méthode basée sur un processus de commande à horizon glissant pour prendre en compte cette incertitude lors de l'optimisation. La partie, 4.3, présente l'environnement de validation retenu pour tester notre modèle et le protocole expérimental mis en place pour valider notre approche.

4.1   Choix du modèle d'incertitude

Que ce soit au niveau stratégique, tactique ou dans le cadre de la régulation à court-terme, l'incertitude occupe une place centrale dans la gestion du trafic aérien. Il existe de multiples raisons pouvant être à l'origine d'un retard sur l'horaire d'un vol ou d'autres imprévus envisageables dans l'exploitation d'un réseau aérien (par exemple le re-routement ou l'annulation d'un vol). En pratique, les différents services responsables de la gestion du trafic aérien doivent quotidiennement faire face à de nombreuses perturbations des plans prévus et prendre des décisions en conséquence. En ce qui concerne la régulation en route du trafic aérien - après le décollage et avant l'atterrissage - les perturbations susceptibles d'affecter les flux de trafic sont cependant réduites. Par exemple, bien qu'un vol ayant été retardé avant le décollage (retard au sol) ne respectera pas l'horaire prévu, cela ne perturbera pas notre système de régulation. Ce type d'aléa peut avoir une incidence sur la gestion du trafic dans son ensemble, mais n'a pas d'impact sur la régulation à court terme du trafic, qui fonctionne avec de courts horizons de prévisions (de l'ordre de 30 minutes maximum). Un vol retardé au sol entrera naturellement plus tard que prévu dans sa phase de croisière et sera simplement pris en considération plus tard par notre modèle. Toutefois, la régulation à court-terme du trafic fait face d'autres sources d'incertitude. Parmi ces aléas, l'influence de la météorologie - et tout particulièrement celle du vent, joue un rôle majeur. En effet, les flux de trafic aérien sont en pratique très dépendants du vent, si bien qu'il est "naturel" que le temps de parcours d'un vol ne soit pas le même selon le sens de parcours de sa route. La modélisation de l'impact des facteurs météorologiques sur l'écoulement du trafic aérien est un sujet de recherche à part entière que nous ne cherchons pas à éluder dans ce travail. Ainsi, à défaut de proposer une modélisation fine de ces phénomènes, nous proposons de considérer un modèle simple fondé sur des hypothèses globalement admises au sein de la communauté scientifique travaillant dans la gestion du trafic aérien. Nous commençons par dresser un état de l'art regroupant les différentes approches pour modéliser l'incertitude en prévision en trajectoire avant de présenter l'approche retenue dans cette thèse.

4.1.1 Etat de l'art sur la modélisation de l'incertitude en prévision de trajectoire

Telle que nous l'avons décrite jusqu'à présent, la régulation du trafic aérien repose sur une vision complètement déterministe, où les vols suivent parfaitement des trajectoires prédéterminées. Or, la pratique montre que cette vision est loin d'être conforme à la réalité opérationnelle dans la mesure où la gestion du trafic aérien est sujette à de multiples formes d'incertitude, selon l'échelle à laquelle le trafic est observé. Dans le cadre de la régulation à court terme du trafic aérien, nous nous focalisons sur les prévisions allant jusqu'à 30 minutes dans le futur. A cette échelle, les principales sources d'incertitudes ayant une influence sur la prévision de trajectoire des vols sont les suivantes :

La météorologie et plus précisément, le vent, est responsable de la majeure partie de l'incertitude en prévision de trajectoire. Les paramètres thermodynamiques, tel que la température ou la pression atmosphérique, ont également un impact sur les trajectoires des vols.

Le pilote ou plus directement la politique de la compagnie aérienne en matière de *cost index*, est également une source d'incertitude non-négligeable : selon la valeur de son *cost index*, un pilote peut être amené à voler à sa vitesse maximale ou optimale en termes de consommation de carburant. Cette information étant, pour des raisons commerciales, une donnée confidentielle propre à chaque compagnie aérienne, elle représente une source d'incertitude pour la prévision des trajectoires des vols.

Le contrôle aérien impacte naturellement les trajectoires des vols et représente donc - de notre point de vue - une source d'incertitude. En effet, dans la mesure où les actions de contrôle ne pas toutes observables, Les actions des contrôleurs aériens représentent potentiellement une source d'incertitude.

Dans la littérature, le terme "incertitude en prévision de trajectoire" désigne généralement les aléas induits par ces sources d'incertitude. L'évaluation de l'impact de l'incertitude en prévision de trajectoire sur la détection et la réduction des conflits potentiels constitue un sujet de recherche à part entière que nous ne cherchons pas à éluder dans cette thèse. Par la suite, nous présentons donc les principaux résultats obtenus dans ce domaine afin de déterminer le modèle d'incertitude le plus adapté à notre étude.

Dans [78], Alliot *et al* considèrent le problème de la détection des conflits potentiels et introduisent des erreurs sur les vitesses verticales et horizontales des vols. Les auteurs montrent que le rapport du nombre de conflits potentiels détectés sur le nombre de conflits réels dépend grandement de l'horizon de prévision utilisé pour détecter les conflits potentiels. Généralement, le nombre de conflits potentiels détectés est supérieur au nombre de conflits réels et plus l'horizon de prévision augmente, plus le rapport de ces quantités augmente. Ce résultat est confirmé par Archambault [11] qui estime qu'avec une erreur de 5% sur les vitesses horizontales des vols et un horizon de prévision de l'ordre de 10 minutes, le nombre de conflits détectés est sur-estimé de plus de 50%. Comme nous l'avons souligné dans le chapitre 3, la détection des conflits potentiels est une étape déterminante pour la mise en œuvre des modèles de réduction des conflits : avec un court horizon de prévision, le nombre de conflits potentiels détectés s'approche du nombre de conflits réels mais ne laisse que peu de temps pour exécuter des manoeuvres de réduction des conflits. Dans le cadre de la prévision de trajectoire des vols, il est communément admis que l'incertitude sur la future position des vols augmente avec l'horizon de la prévision ; ceci est particulièrement vrai si l'incertitude est introduite au niveau de la vitesse des vols [69],[25]. L'introduction d'une erreur sur la vitesse des vols peut donc avoir un impact significatif sur un système de régulation du trafic en générant, par exemple, de nombreux faux conflits. Cependant, la résolution des conflits aériens par le changement de cap ou bien la réaffectation de niveau de vol ne nécessite pas un grand horizon de prévision ; ainsi dans [25] Granger *et al* montrent que 12 minutes sont suffisantes pour résoudre des situations de conflits relativement complexes. Pour les raisons évoquées ci-dessus, les contrôleurs aériens travaillent généralement avec de courts horizons de prévision, de l'ordre de 8 à 10 minutes [46]. Ceci est largement dû à la difficulté de prévoir, avec une confiance suffisante, les futures trajectoires des vols avec un horizon plus grand. Le risque de prendre des décisions hâtives - voire de mauvaises décisions - est étudié par Haddad *et al* [40] qui montrent qu'en présence d'une incertitude sur la vitesse des vols suivant une loi de distribution uniforme, les décisions pour résoudre un conflit potentiel doivent être prises le plus tard possible.

Il existe plusieurs approches possibles pour modéliser l'incertitude en prévision de trajectoire dans le cadre de la détection et de la réduction des conflits. Dans [9], Granger propose d'introduire une erreur constante sur les vitesses horizontales et verticales des vols. Dans ce contexte, la future position d'un vol appartient à un ensemble convexe dont la forme évolue en fonction de sa trajectoire. Le modèle proposé est multiplicatif, c'est-à-dire que l'ensemble des futures positions possibles augmente donc proportionnellement avec l'horizon de prévision. Si le pire scénario est alors envisagé lors de la détection et la réduction des conflits, une telle approche caractérise de façon sévère l'influence de l'incertitude sur la vitesse d'un vol. En effet, les progrès technologiques en matière de prévision de trajectoire permettent aujourd'hui de repenser l'impact de l'incertitude sur la prévision de trajectoire des vols. En particulier, l'évolution des FMS permettent aux vols de corriger périodiquement leur trajectoire en présence de perturbations [79], [80]. Ainsi, dans le cadre de la réduction des conflits, une autre approche pour modéliser l'incertitude en prévision de trajectoire consiste à estimer la probabilité qu'un vol passe dans un intervalle de temps donné en un point de l'espace. Dans [81], les auteurs proposent une approche statistique pour modéliser l'heure de passage d'un vol en un point de l'espace et mesurent ensuite la probabilité de l'existence d'un conflit entre deux vols. Cette étude conclut que la distribution de cette probabilité s'approche d'une loi Gamma, montrant ainsi que l'incertitude sur la position des vols peut, sous certaines conditions, être modélisée de façon additive - c'est-à-dire que l'amplitude de l'erreur effectuée lors de la prévision n'augmente pas avec l'horizon de prévision.

L'incertitude dans la gestion du trafic aérien étant principalement due au vent, dans [74, 82] les auteurs proposent une formulation probabiliste pour le problème de la détection et de la résolution des conflits. Plus précisément, les auteurs développent un modèle d'incertitude utilisant une loi de distribution gaussienne pour déterminer la future position des vols et calculer la probabilité d'existence d'un conflit. Le vent peut aussi être modélisé comme un champ de vecteurs dans une région de l'espace [83], l'impact du vent sur la vitesse des vols est alors corrélé spatialement : lorsque deux vols se rapprochent, la corrélation entre les perturbations des vitesses liées au vent augmente et par conséquent deux vols relativement proches subissent le même champ de vecteurs. Cette approche vise à modéliser l'influence locale du vent (direction et intensité) et permet de prendre en compte efficacement l'incertitude sur la position des vols lors de la réduction des conflits. Cependant, l'influence du vent sur la trajectoire d'un vol a très majoritairement un impact sur la position longitudinale des appareils [84]. En effet, Les FMS ont désormais la capacité de corriger, dans la mesure du possible, les déviations latérales dues au vent par rapport à leur trajectoire de référence : pour cela il suffit de modifier légèrement le cap visé. En revanche, un vent de face ne peut être corrigé qu'en accélérant et peut s'avérer très coûteux en termes de consommation de carburant, voire impossible dans le cas où un aéronef vole déjà près de sa vitesse maximale - ce qui est souvent le cas en pratique [44]. Dans le cas contraire, un vol qui est naturellement accéléré n'a *a priori* pas de raison de vouloir corriger sa trajectoire.

Pour modéliser l'incertitude en prévision de trajectoire dans notre système de régulation, il nous faut répondre aux questions suivantes :

- Sur quelle quantité / grandeur l'incertitude doit-elle être introduite ?
- Quelle modélisation est-elle la plus adaptée : multiplicative (l'erreur varie avec l'horizon) ou additive (l'erreur est constante dans le temps), probabiliste ou de type pire-cas ?
- Comment l'incertitude doit-elle être intégrée dans le système de régulation ?

Dans cette thèse, seules les modulations de vitesse sont autorisées pour réduire les conflits aériens, cette technique requiert potentiellement un plus grand horizon de prévision que celles basées sur les méthodes traditionnelles, en particulier dans le cadre de la régulation subliminale où les modifications de vitesse sont de faibles amplitudes. Par conséquent, nous nous attacherons à proposer une modélisation réaliste de l'incertitude en prévision de trajectoire tout en définissant précisément le contexte aéronautique et technologique considéré.

4.1.2 Modèle d'incertitude proposé

Nous avons fait l'hypothèse que les vols régulés sont capables de recevoir et d'appliquer des consignes RTA au cours de leur phase de croisière. Ce scénario a été adopté par les projets SESAR et NextGen qui orientent ainsi leurs efforts vers la gestion des trajectoires 4D [3],[4]. Ce contexte technologique ne représente pas la situation actuelle, dans laquelle tous les aéronefs en circulation ne sont pas capables de suivre des trajectoires 4D. Cependant, le déploiement de systèmes de communication de type *Data-Link* permettra, dans les prochaines décennies, aux vols de recevoir et d'échanger des informations numériques avec les services de contrôle du trafic au sol [85]. Dans ce contexte technologique, la gestion de l'incertitude en prévision de trajectoire est directement intégrée dans les FMS des aéronefs. Toutefois, l'efficacité et la robustesse de ces innovations technologiques ne sont, pour l'instant, pas en mesure d'êtres évaluées. Ainsi pour reproduire des conditions réalistes de trafic tout en tenant compte du caractère incertain de la prévision de trajectoire, nous proposons de modéliser l'erreur faite sur la gestion de la prévision de trajectoire des vols au sein des futurs FMS. La méthode de réduction des conflits employée dans ce travail étant la modulation de la vitesse des vols, nous proposons d'introduire l'incertitude sur la prévision de trajectoire au niveau de la vitesse des vols. En introduisant une erreur bornée sur la vitesse des vols, notre objectif est de reproduire l'impact d'une erreur sur l'estimation de la position longitudinale des vols. Pour rendre compte du caractère incertain des décisions à long terme, nous choisissons d'adopter un modèle d'incertitude multiplicatif du même type que les modèles décrits dans [25] et [40]. Dans ce contexte, nous proposons d'utiliser une loi de probabilité uniforme pour modéliser l'incertitude sur la vitesse des vols. Ce choix nous permet d'être arbitraire dans le traitement des erreurs d'estimation : ni la surestimation, ni la sous-estimation de la vitesse des vols n'est favorisée. Nous estimons que ce choix de modélisation est suffisamment sévère introduire une réelle perturbation dans notre approche, tout en étant suffisamment simple pour pouvoir être modélisé précisément. Au regard des nombreuses publications évoquées ci-dessus, l'ordre de grandeur moyen de cette incertitude est estimé à $\pm 5\%$ de la vitesse de référence des vols. A l'instar de la régulation de vitesse, nous choisissons de restreindre notre modèle d'incertitude aux vols en croisière uniquement. Plus formellement, soit f un vol en phase de croisière, nous introduisons la variable aléatoire $X_f(t)$ pour représenter la position longitudinale du vol f

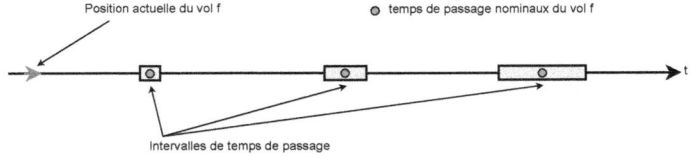

FIGURE 4.1 – Temps de passages réalisables en fonction de l'horizon de prévision.

à l'instant t. Soit $x_f(t_0)$ la position du vol f à l'instant présent t_0, comme sans erreur la position déterministe s'exprime :

$$x_f(t) = x_f(t_0) + v_f \cdot (t - t_0) \tag{4.1}$$

Pour introduire l'incertitude sur la vitesse des vols, nous définissons $X_f(t)$ tel que :

$$X_f(t) = x_f(t_0) + v_f \cdot (t - t_0 + U(t - t_0)) \tag{4.2}$$

où $U \sim [-e, e]$ est une variable aléatoire uniforme bornée par $e \in \mathbb{R}$, qui représente l'incertitude maximale sur la vitesse des vols. Nous choisissons d'utiliser les variables $X_f(t)$, $\forall f \in \mathcal{F}$ pour estimer les positions futures des vols. Avec ce modèle multiplicatif, l'incertitude sur la position des vols augmente donc avec l'horizon de prévision. Le futur temps de passage d'un vol, qui était jusqu'à présent représenté comme un point, devient donc un intervalle de temps de passage dont l'amplitude croît avec l'horizon de prévision (voir figure 4.1).

Ce modèle d'incertitude vise à reproduire des conditions réalistes de vol qu'il nous faut maintenant anticiper lors de la prise de décision sur les vitesses des vols, c'est l'objet de la partie suivante.

4.2 Optimisation sous incertitude

Nous avons introduit la notion d'incertitude en prévision de trajectoire afin de pouvoir reproduire des conditions de trafic réalistes. Nous souhaitons maintenant adapter notre modèle de façon à fournir des solutions robustes face à cette source d'incertitudes. Pour cela, nous proposons de restreindre l'horizon d'optimisation à un court horizon, de façon à réduire les risques liés aux prises de décision sur le long terme. En effet, avec un grand horizon de prévision, il se peut, par exemple, que de nombreux faux conflits, lointains et incertains, soient détectés et que leur réduction pénalise la réduction des conflits plus proches et plus probables. Si la restriction de l'horizon de prévision est donc nécessaire, il est impératif de mettre en œuvre un processus de contrôle permettant de réguler périodiquement le trafic. Pour cela nous proposons de translater l'horizon de prévision vers le futur avec un pas constant, c'est le principe de la boucle à horizon glissant.

4.2.1 Boucle à horizon glissant

L'usage d'un processus à horizon glissant a été employé pour traiter de nombreux problèmes rencontrés dans l'industrie impliquant des phénomènes continus et stochastiques. La gestion en temps réel du trafic aérien entre dans ce cadre car elle peut être vue comme un système à temps continu intrinsèquement aléatoire en raison des multiples sources d'incertitude capables d'affecter le système. L'usage d'une boucle à horizon glissant consiste à limiter l'horizon du système observé tout en discrétisant le temps du système avec un pas d'optimisation petit devant l'horizon de prévision. Ainsi à chaque pas d'optimisation, le problème d'optimisation est résolu dans l'horizon restreint observé et cet horizon est translaté lorsque le pas d'optimisation est incrémenté. Formellement, soit p_{opt} le pas d'optimisation et H_n l'horizon de prévision à l'itération $n \in \mathbb{N}^*$. Nous définissons les bornes de l'horizon de prévision l_n et u_n telles que :

$$H_n = [l_n, u_n] \quad \text{avec :} \quad \begin{cases} l_n &= l_{n-1} + p_{opt} \\ u_n &= u_{n-1} + p_{opt} \end{cases} \tag{4.3}$$

L'amplitude de l'horizon de prévision - également appelée fenêtre d'anticipation - est définie comme $T_w = u_n - l_n$. La fenêtre d'anticipation détermine la taille des problèmes d'optimisation à résoudre et le pas d'optimisation détermine la fréquence des résolutions durant la simulation. Le choix de ces deux paramètres joue donc un rôle important lors de la mise en œuvre de notre modèle. Du point de vue de la détection de conflits, pour garantir une détection intégrale des conflits potentiels, il est nécessaire que deux horizons consécutifs soient au moins adjacents. Dans le cas contraire, il se peut que certains conflits potentiels ne soient pas détectés, ce qui n'est pas souhaitable. Cela implique que le pas d'optimisation doit être inférieur à la fenêtre d'anticipation : $p_{opt} \leq T_w$. Le pas d'optimisation représente la périodicité avec laquelle le système est observé et les décisions sur les vitesses des vols sont prises. Un pas petit devant la fenêtre d'anticipation permet donc une détection régulière des conflits potentiels mais peut potentiellement générer de nombreuses manœuvres de réduction des conflits. En effet, avec un petit pas d'optimisation, un conflit potentiel est susceptible d'être détecté plusieurs fois avant d'être résolu. Cela est particulièrement vrai dans le cadre de la régulation de vitesse subliminale qui s'exécute avec de faibles ajustements de vitesse. Il sera donc nécessaire de quantifier l'impact du pas d'optimisation sur le nombre de consignes RTA transmises aux vols.

4.2.2 Adaptation à la réduction des conflits

L'intérêt d'utiliser une boucle à horizon glissant pour réguler continuellement le trafic est justifié par la petite taille de l'horizon considéré. En bornant l'horizon de prévision, nous cherchons à résoudre les conflits potentiels pour lesquels l'incertitude en prévision de trajectoire est suffisamment faible pour obtenir des solutions robustes et durables, c'est-à-dire impliquant des changements de vitesse qui ne seront pas remis en cause dans le futur. Les conflits détectés au début de l'horizon sont plus urgents à résoudre, et surtout plus probables, que ceux détectés à la fin de l'horizon. Pour modéliser cette propriété, nous proposons de pondérer le coût de chaque conflit dans la fonction objectif. Pour ce faire nous décomposons l'horizon de prévision en deux horizons distincts : l'horizon nominal H_n^1 et l'horizon d'amortissement H_n^a tels que :

$$
\begin{aligned}
H_n &= H_n^1 + H_n^a \\
H_n^1 &= [l_n^1, u_n^1] \qquad \text{avec :} \qquad
\begin{cases}
l_n^1 &= l_n \\
u_n^1 &= l_n^a \\
u_n^a &= u_n
\end{cases} \qquad (4.4) \\
H_n^a &= [l_n^a, u_n^a]
\end{aligned}
$$

Nous souhaitons utiliser l'horizon d'amortissement pour prendre en compte seulement partiellement le coût des conflits détectés dans cet horizon. Ainsi, tout conflit détecté dans H_n^1 est pondéré avec un coefficient égal à 1 et tout conflit détecté dans H_n^a est pondéré avec un coefficient $a(t)$, dépendant de la date du conflit. Cette approche est appropriée pour les conflits en croisement, car il est relativement aisé de leur attribuer une date. En revanche les conflits en poursuite s'étendent potentiellement sur un long intervalle de temps. Notre objectif étant de minimiser la durée des conflits, le coût des conflits en poursuite est donc généralement grand devant celui des conflits en croisement, et nous choisissons de ne pas pondérer leur coût dans le problème d'optimisation. Pour estimer la date d'un conflit potentiel en croisement, une possibilité consiste à considérer *les intervalles de temps de passage* des vols au point de conflit et comparer leur position sur l'axe temporel. L'intervalle de temps de passage d'un vol f au point i correspond à l'intervalle $[\underline{T}_f^i, \overline{T}_f^i]$, où $\underline{T}_f^i$ et $\overline{T}_f^i$ sont respectivement les temps de passage minimal et maximal du vol f en i, calculés à partir des vitesses minimale et maximale $\underline{V}_f$ et $\overline{V}_f$. Notons que ces temps de passage correspondent aux bornes de la contrainte sur les temps de passage des vols dans notre modèle de réduction des conflits (2.6) que nous rappelons ici. Soit t_f^i le temps de passage du vol f en i, la contrainte sur t_f^i s'exprime :

$$\underline{T}_f^i \leq t_f^i \leq \overline{T}_f^i$$

où les bornes sont alors définies par les relations (2.5) :

$$\underline{T}_f^i = \frac{D_f^i}{\overline{V}_f} + t_f^{i-} \qquad \overline{T}_f^i = \frac{D_f^i}{\underline{V}_f} + t_f^{i-}$$

La date d'un conflit potentiel en croisement au point de conflit $c = (f, f', i)$ peut alors être estimée en fonction de l'intersection des intervalles de temps de passage $[\underline{T}_f^i, \overline{T}_f^i]$ et $[\underline{T}_{f'}^i, \overline{T}_{f'}^i]$, en particulier :

- si ces intervalles s'intersectionnent, il existe un sous-intervalle de temps de passage pour lesquels il y a potentiellement collision en i, nous proposons de prendre le milieu de ce sous-intervalle comme estimation de la date du conflit potentiel.
- si ces intervalles ne s'intersectionnent pas, il peut tout de même y avoir conflit en i et nous proposons de considérer l'intervalle de temps compris entre $[\underline{T}_f^i, \overline{T}_f^i]$ et $[\underline{T}_{f'}^i, \overline{T}_{f'}^i]$ pour estimer la date du conflit potentiel.

Dans les deux cas de figure, il est important de souligner que nous souhaitons seulement estimer la date du conflit potentiel afin de pondérer son coût dans notre fonction objectif. Les conflits potentiels sont détectés avec une fenêtre d'anticipation relativement grande (entre 10 et 30 minutes) devant la durée des conflits en croisement (entre quelques secondes et 2 minutes). Par conséquent l'estimation de la date d'un conflit potentiel en croisement n'a pas besoin d'être très précise, un ordre de grandeur suffit pour positionner le conflit sur l'axe chronologique. Ainsi, nous définissons la date d'un conflit en croisement comme suit.

Définition 15 (Date estimée d'un conflit en croisement). *Soit $c = (f, f', i)$ un conflit potentiel en croisement, et soient $[\underline{T}_f^i, \overline{T}_f^i]$ et $[\underline{T}_{f'}^i, \overline{T}_{f'}^i]$ les inter-*

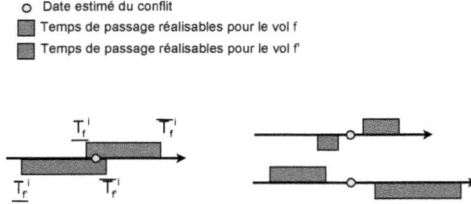

FIGURE 4.2 – Estimation de la date d'un conflit potentiel en croisement en fonction des temps de passage réalisables des vols.

valles de temps de passages des vol f et f' au point i. Soit $\delta^i_{ff'} \in \mathbb{R}$ l'instant défini comme (voir figure 4.2) :

$$
\delta^i_{ff'} = \begin{cases} \frac{\min\{\overline{T}^i_f, \overline{T}^i_{f'}\} + \max\{\underline{T}^i_f, \underline{T}^i_{f'}\}}{2} & si\ [\underline{T}^i_f, \overline{T}^i_f] \cap [\underline{T}^i_{f'}, \overline{T}^i_{f'}] \neq \emptyset \\ \frac{\overline{T}^i_f + \underline{T}^i_{f'}}{2} & si\ \overline{T}^i_f < \underline{T}^i_{f'} \\ \frac{\underline{T}^i_f + \overline{T}^i_{f'}}{2} & sinon \end{cases} \tag{4.5}
$$

$\delta^i_{ff'}$ est la date estimée du conflit entre les vols f et f' en i.

Remarque 4. *L'incertitude sur la vitesse des vols n'est pas prise en compte dans les intervalles de temps de passage $[\underline{T}^i_f, \overline{T}^i_f]$ et $[\underline{T}^i_{f'}, \overline{T}^i_{f'}]$. En effet, la notion d'intervalles de temps de passages réalisables, telle que nous l'avons introduite, est basée sur la régulation de vitesse des vols uniquement. En présence d'incertitude sur la vitesse des vols, les intervalles de temps de passage possibles des vols sont naturellement plus amples que ceux que nous avons définis. Toutefois, puisque l'incertitude sur la vitesse des vols affecte de façon symétrique les vitesses des vols, c'est-à-dire que les intervalles de temps de passage sont étendus aux deux extrémités, et puisqu'elle affecte identiquement les futures positions des vols à un instant donné ; l'incertitude sur la vitesse des vols n'a pas d'influence sur la date estimée d'un conflit potentiel en croisement.*

L'horizon d'amortissement étant fini, nous choisissons d'utiliser une fonction d'amortissement linéaire pour pondérer le coût des conflits détectés dans H^a_n. Ainsi nous définissons simplement la fonction $a : \mathbb{R}^+ \to \mathbb{R}^+$ par :

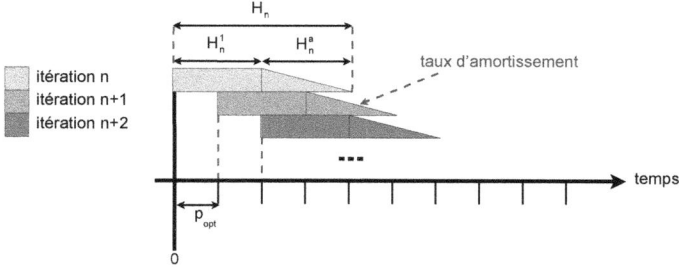

FIGURE 4.3 – Principe de la boucle à horizon glissant : à chaque itération le problème d'optimisation est résolu sur l'ensemble des conflits potentiels détectés dans l'horizon H_n

$$\forall (f, f', i) \in \mathcal{P}_c : \quad a(\delta_{ff'}^i) = \begin{cases} 1 & \text{si } \delta_{ff'}^i \in H_n^1 \\ \frac{u_n^a - \delta_{ff'}^i}{u_n^a - l_n^a} & \text{si } \delta_{ff'}^i \in H_n^a \end{cases} \qquad (4.6)$$

L'introduction de l'horizon d'amortissement permet de modérer le coût des conflits potentiels lointains dans la fonction objectif. Le fonctionnement de la boucle horizon glissant est schématisé dans la figure 4.3.

Nous avons choisi de conserver les formulations déterministes des modèles pour réduire les conflits dans le but d'introduire des perturbations imprévisibles dans le système de régulation du trafic. Pour pondérer l'impact de cette incertitude sur l'optimisation, nous utilisons une boucle a horizon glissant qu'il nous faut désormais calibrer. Le réglage du pas d'optimisation p_{opt} et de la taille des deux horizons de prévision H_n^1 et H_n^a, a potentiellement un rôle non-négligeable lors de l'implémentation de notre modèle. Comme nous l'avons évoqué dans ce chapitre, ces paramètres déterminent la périodicité et l'horizon avec lesquels le trafic aérien est observé, afin d'étudier l'influence de chaque paramètre sur la performance de notre modèle, nous établirons un plan d'expérience pour déterminer la configuration optimale de la boucle à horizon glissant. Cette étude est décrite dans la section 5.1.2. La section suivante décrit la méthode employée pour intégrer ce modèle d'incertitude à notre système de régulation du trafic.

4.2.3 Intégration de l'incertitude

Le modèle d'incertitude présenté dans la partie 4.1.2 a été conçu pour introduire une perturbation sur les vitesses des vols afin de tenir compte de l'incertitude en prévision de trajectoire. Pour intégrer le modèle d'incertitude dans notre approche, nous proposons de bruiter l'information en sortie du module d'optimisation. Dans ce contexte, les consignes RTA transmises aux aéronefs sont alors composés d'une composante déterministe et d'une composante aléatoire, proportionnelle à l'horizon de la consigne. Formellement, soit $\mathbf{t}^\star$ le vecteur des consignes RTA issus de l'optimisation, le vecteur des consignes RTA transmises aux aeronefs, $\tilde{\mathbf{t}}$, est :

$$\tilde{\mathbf{t}} = \mathbf{t}^\star + U(\mathbf{t}^\star - \mathbf{t}_0) \tag{4.7}$$

En choisissant de bruiter les consignes RTA optimales fournies par l'optimisation, le modèle d'incertitude peut potentiellement détériorer les performances globales de notre modèle en faussant les consignes RTA transmises aux vols. Les décisions sont alors remises en question au pas de temps suivant (de la boucle à horizon glissant) lorsque la prochaine détection de conflits est effectuée et les modèles de réduction des conflits sont résolus. L'objectif de cette démarche est d'insister sur le fait que quelque soit les décisions prises lors de l'optimisation, il existe toujours une part d'incertitude dans leur mise en œuvre. Dans notre modèle de réduction des conflits, seule la vitesse des vols est faiblement modulée ; ce qui nous conduit à poser la question suivante :

la régulation de vitesse subliminale est-elle viable en présence d'une incertitude du même ordre de grandeur sur la vitesse des vols ?

Pour y répondre et pour évaluer la robustesse de notre modèle vis-à-vis de l'incertitude en prévision de trajectoire, nous proposons donc de considérer différentes valeurs pour l'intervalle de modulation de vitesse et l'incertitude sur la vitesse des vols. Il nous faudra alors observer les performances de notre modèle en présence d'une forte incertitude devant l'amplitude des variations de vitesse autorisées.

L'approche présentée dans cette section nous permet de prendre en compte l'incertitude en prévision de trajectoire dans notre système de régulation du trafic. La partie suivante présente l'environnement de validation retenu pour valider la méthodologie développée.

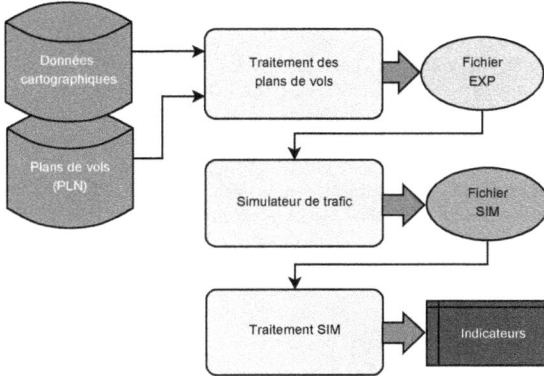

FIGURE 4.4 – Architecture du simulateur de trafic aérien

4.3 Environnement de validation

Dans cette partie nous présentons premièrement l'outil de simulation utilisé pour tester notre modèle. Nous décrivons ensuite comment les consignes RTA envoyés aux aéronefs peuvent être appliquées de façon réaliste a l'aide d'un modèle de performance. Enfin, nous présentons le protocole expérimental retenu pour évaluer les performances de notre modèle.

4.3.1 Le simulateur de trafic aérien du LICIT

Le LICIT (Laboratoire Ingénierie Circulation Transports) développe depuis une dizaine d'années un simulateur de trafic aérien destiné à mettre en œuvre des outils pour la régulation du trafic. L'objectif de cette démarche est d'évaluer la performance des méthodes de régulation du trafic à travers des indicateurs de la gestion du trafic aérien (le retard, la consommation de carburant, etc...). Le simulateur du LICIT utilise actuellement le modèle de performance BADA d'Eurocontrol pour simuler les trajectoires des vols à partir de leur plan de vol. Cette architecture logicielle fait écho à notre choix de respecter une approche réaliste du point de vue de la gestion du trafic aérien, c'est-à-dire fonctionnant uniquement avec les informations accessibles aux services de contrôle de la circulation aérienne.

Le simulateur de trafic aérien du LICIT a été conçu pour traiter des jeux de données réelles et reproduire les trajectoires des vols à partir de leurs plans de vol. Rappelons qu'un plan de vol contient une liste de balises et un niveau de vol de référence (RFL). Pour interpréter ces informations, l'outil de simulation doit également disposer de données cartographiques de façon à pouvoir référencer chaque balise sur un planisphère. Une première étape dans la simulation de jeux de données consiste donc à traiter chaque plan de vol pour identifier l'ensemble des trajectoires 2D des vols (parcours), ces informations sont alors regroupées dans un fichier dit *EXP*, servant de point d'entrée pour le simulateur de trafic. La simulation des trajectoires en temps réel s'effectue grâce à un modèle de performance des aéronefs. Le modèle de performance s'appuie sur les caractéristiques techniques des appareils pour indiquer, par exemple, à quelle vitesse un avion doit voler à une altitude donnée. Il fournit également le taux de montée et de descente des appareils, ce qui permet de simuler l'intégralité d'un vol. C'est le modèle de performance BADA [49] qui est implémenté dans le simulateur de trafic aérien du LICIT, et par conséquent nous utiliserons ce modèle pour les simulations présentées ultérieurement. Au cours de la simulation, les positions 3D des vols sont enregistrées avec un intervalle de temps discret - appelé "pas de temps" du simulateur - permettant d'obtenir *a posteriori* les trajectoires 4D des vols. Ces informations sont regroupées dans un fichier dit *SIM* constituant le flux de sortie du simulateur. Le pas de temps du simulateur a donc une influence importante sur la qualité des simulations et par conséquent sur l'évaluation des méthodes de régulation du trafic. Bien que le pas de temps du simulateur soit un paramètre réglable, nous choisissons d'utiliser une seule valeur pour ce paramètre pour l'ensemble de nos simulations : nous prenons un pas de temps de simulation, p_{sim}, égal à $10s$. Cette valeur est suffisamment petite pour offrir une bonne qualité de simulation. De plus l'usage d'un pas plus court n'est pas compatible avec la précision du modèle de performance BADA (en particulier vis-à-vis de la régulation de vitesse) [86]. L'évaluation des simulations à travers des indicateurs de la gestion du trafic aérien se fait directement sur les fichiers *SIM*. La figure 4.4 schématise l'ensemble de ces étapes dans un diagramme. Les performances de notre modèle sont donc évaluées hors du simulateur ce qui permet un arbitrage neutre vis-à-vis des simulations. Par conséquent, les indicateurs sont mesurés sur les trajectoires *parcourues* par les avions au cours de la simulation, indépendamment des trajectoires *prédites* par l'optimisation. En particulier, la durée d'un conflit est le nombre de pas de simulation p_{sim} pendant lesquels les deux vols impliqués dans le conflit ne sont pas séparés ; cette durée est donc également mesurée indépendamment de notre modèle.

Le pas de simulation étant un paramètre fixé, la précision de la durée des conflits est donc tributaire de ce paramètre : un conflit ne peut durer moins de 10s et la durée d'un conflit est nécessairement un multiple de 10.

Le simulateur de trafic aérien du LICIT a été développé de façon à pouvoir intégrer des modules annexes pour la régulation du trafic. Dans le cadre de notre approche, nous souhaitons tester un modèle basé sur la régulation des temps de passage des vols. Dans le chapitre 3, nous avons présenté des versions linéaires des modèles de réduction des conflits, ces modèles peuvent être encapsulés sous forme de librairies et chargés dynamiquement lors de l'exécution de l'outil de simulation. Le module d'optimisation utilise la modulation de vitesse pour mener à terme les actions de régulation du trafic. Comme nous l'avons vu dans la partie 2.1, notre modèle s'appuie sur la régulation des temps de passage des vols pour réguler les flux de trafic ; il est donc nécessaire de convertir ces instructions en commande de variations de vitesse. Cette partie du processus de régulation est coordonnée par le régulateur de vitesse dont le principe a été présenté dans la section 4.3.2. Pour tester notre modèle, nous utiliserons des jeux de données réelles correspondant à une journée entière de trafic au-dessus de l'Europe. Nous considérons que l'espace aérien européen est suffisamment grand pour que de nombreux types de conflits potentiels se matérialisent. En particulier, les vols simulés suivent intégralement leur plan de vol, du décollage à l'atterrissage. La quantité de vols actifs en fonction de l'heure de la journée est donc conforme à la réalité, avec relativement peu de trafic au cours de la nuit et un trafic plus dense en journée. Comme nous l'avons évoqué dans le chapitre précédent, des instances de différentes tailles peuvent être dérivées de cette journée de trafic en filtrant les plans de vols par leur RFL. La journée de trafic utilisée pour les simulations contient en tout 33, 300 plans de vol ; pour tester notre modèle nous utiliserons les deux instances suivantes :

RFL $\geq$ 380 Cette instance comprend tous les plans de vols ayant un RFL supérieur ou égal à 38, 000 ft, ce qui correspond à environ 3, 000 plans de vol.

RFL $\geq$ 300 Cette instance comprend tous les plans de vols ayant un RFL supérieur ou égal à 30, 000 ft, ce qui correspond à environ 17, 500 plans de vol, soit plus de la moitié de l'ensemble des vols sur la journée de trafic.

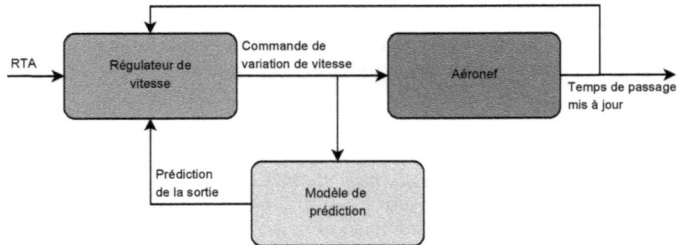

FIGURE 4.5 – A chaque pas de régulation, la commande de variation de vitesse est mise à jour, jusqu'à atteindre la consigne RTA.

4.3.2 Application des consignes RTA

Pour appliquer les consignes RTA issues du module d'optimisation, nous souhaitons utiliser un module de régulation destiné à reproduire le comportement des FMS des aéronefs. L'objectif de cette démarche est de considérer des conditions réalistes de circulation où les trajectoires finales des vols, à défaut d'être complètement maîtrisées par l'optimisation, sont tributaires des propriétés aérodynamiques des aéronefs. Pour reproduire le comportement des FMS nous utilisons une méthode de commande prédictive précise introduite développée dans [14]. Rappelons que dans notre approche, nous faisons l'hypothèse que les instructions RTA sont automatiquement suivies par les pilotes. Le régulateur de vitesse fonctionne donc comme un système prenant des consignes de temps de passage en entrée et générant des commandes de variations de vitesse en sortie. Pour satisfaire les multiples contraintes liées aux performances aérodynamiques des vols ainsi qu'au confort des passagers, le régulateur de vitesse a été conçu comme un système en boucle fermé. La méthode employée pour déterminer les variations de vitesse des vols suite à une instruction RTA, est basée sur la technique de la commande prédictive [87]. A l'instar de nombreuses méthodes d'automatique, la commande prédictive régule un système avec un pas de temps discrétisé. A chaque pas de régulation, la commande de variation de vitesse est déterminée de façon à minimiser l'écart entre la prédiction de la sortie du système (ici le temps de passage des aéronefs) et une "trajectoire de référence". Nous choisissons d'utiliser un module de prévision basé sur le modèle de performance BADA ; la trajectoire de référence quant à elle, est une fonction qui tend vers la consigne (l'instruction RTA), lorsque le pas de régulation est incrémenté

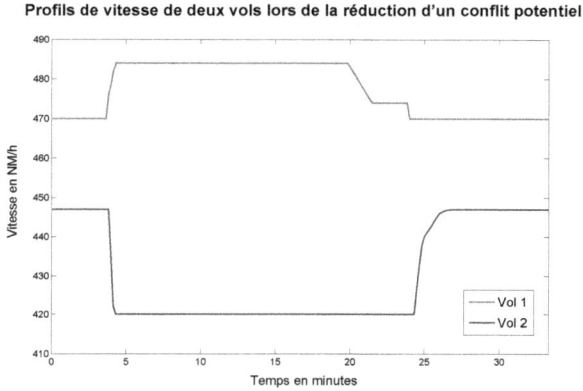

Profils de vitesse de deux vols lors de la réduction d'un conflit potentiel

FIGURE 4.6 – Profil des vitesses des vols lors de la minimisation de la charge de conflit d'une paire de vols.

(voir figure 4.5). Pour que les variations de vitesse soient réalisables par les aéronefs, l'implémentation de la commande prédictive est réalisée sous contrainte : les accélérations et décélérations sont donc bornées en accord avec le modèle de performance BADA, en fonction du type d'appareil et des conditions de vol (altitude). En particulier, un changement de vitesse suite à une consigne n'est pas instantané. Il peut falloir de quelques secondes à 1 minute pour que l'appareil atteigne sa nouvelle vitesse.

La régulation de vitesse des vols est donc effectuée en dehors du module d'optimisation. Ce choix de modélisation induit un biais sur l'application des instructions RTA. En effet, bien que les instructions RTA soient systématiquement suivies par les "pilotes", elles ne sont pas toutes exécutées identiquement : chaque RTA est interprété en fonction du type d'appareil, de l'altitude et des contraintes sur les performances des aéronefs. Cela peut également conduire les changements de vitesse à ne pas être instantanés. Nous choisissons de programmer le régulateur de vitesse pour exécuter les instructions RTA dès qu'il les reçoit, et pour ramener les vols à leur vitesse nominale (de croisière) une fois que la régulation de vitesse est suffisante pour que la consigne RTA puisse être atteinte. La manœuvre de changement de vitesse commence donc à un instant précis ; en revanche la date de fin de la régulation de vitesse n'est pas contrainte. Considérons un cas pratique : supposons que deux vols soient détectés en conflit de type croisement et que le module d'optimisation fournisse deux consignes RTA pour résoudre le conflit. La figure 4.6 montre l'évolution des profils de vitesse des deux vols : pour résoudre le conflit, le vol 1 est accéléré et le vol 2 est ralenti. Ici les premières variations de vitesse sont relativement rapides : chaque vol met moins d'une minute pour atteindre sa vitesse minimum ou maximum, ce qui correspond à quelques pas de régulation avec $p_{reg} = 10s$. Si les premiers changements de vitesse sont relativement rapides, le retour aux vitesses nominales peut prendre un temps significativement plus long. Il est difficile de donner une estimation de cet intervalle de temps car il dépend de la consigne RTA ainsi que du type d'appareil concerné. Dans l'exemple étudié, il s'écoule presque 5 minutes entre l'instant où le vol 1 quitte sa vitesse maximum et l'instant où ce vol retrouve sa vitesse nominale. La variation de vitesse du vol 1 est séquencée par un palier, montrant ainsi que les profils de vitesse des vols ne suivent pas nécessairement des variations linéaires. Le vol 2 quant à lui, a besoin d'environ 2 minutes pour retrouver sa vitesse nominale. Empiriquement, on observe que les vols peuvent prendre jusqu'à 10 minutes pour revenir à leur vitesse nominale (notamment lorsque les vols ont été sévèrement décélérés).

Le régulateur de vitesse fournit donc un outil réaliste, capable d'appliquer les consignes RTA émises par le module d'optimisation pour mettre en œuvre les modulations de vitesse. Maintenant que nous avons présenté les différents modules utilisés pour reproduire des conditions réalistes de trafic, nous sommes en mesure de présenter le protocole expérimental retenu pour évaluer la performance de notre modèle.

4.3.3   Evaluation du modèle et limites de l'approche

Pour évaluer la performance de notre modèle, nous souhaitons utiliser un simulateur de trafic aérien capable de rejouer des plans de vols réels. Comme nous l'avons vu, ces données correspondent au parcours des vols et indiquent l'altitude à laquelle le vol effectuera sa croisière (RFL). Les trajectoires réelles des vols sont extrapolées à partir d'un modèle de performance. Le module d'optimisation intervient pour détecter et réduire les conflits potentiels avec un pas de temps constant, et les consignes RTA sont ensuite exécutées par le régulateur de vitesse. Nous choisissons d'exécuter notre modèle tout au long d'une journée entière de trafic. Pour évaluer ses performances, nous comparerons la durée totale des conflits alors obtenue, avec la durée totale des conflits obtenue lorsqu'aucun modèle d'optimisation n'est implémenté sur le même jeu de données. Les simulations sans optimisation seront appelées *simulations de référence*. La performance de notre modèle pourra alors être calculée en mesurant le pourcentage de réduction de la durée totale de conflit entre une simulation optimisée et la simulation de référence associée. Les jeux de données utilisés pour les simulations correspondent à une journée de trafic réel sur l'ensemble de l'espace européen. Des instances de différentes tailles peuvent être dérivées de cette journée de trafic en filtrant les vols par leur RFL.

Ce protocole expérimental nous permet d'observer le comportement de notre modèle lorsqu'il est confronté à des jeux de données réelles. Toutefois, il est important de souligner que cette approche ne permet pas de modéliser le comportement *a posteriori* des contrôleurs aériens. En effet, dans le cadre de la réduction des conflits par la régulation de vitesse subliminale, les contrôleurs peuvent intervenir à tout instant et décident en dernier ressort. Un contrôleur pourrait ainsi décider de modifier la trajectoire d'un vol avec des clairances de réaffectation de niveau de vol ou de changement de cap pour résoudre un conflit potentiel qui serait, par exemple, résolu trop tardivement ou pas intégralement par notre modèle. Pour obtenir un environnement de simulation idéal, il faudrait pouvoir modéliser le comportement des contrôleurs pour rendre de compte de l'impact de leurs décisions sur les performances de notre modèle. Cependant, il est extrêmement difficile de parvenir à modéliser un comportement humain en soit et cela s'applique en particulier aux contrôleurs aériens. De plus, dans le cadre de la régulation subliminale du trafic, le contrôleur aérien est le décideur final [1]. Il n'est donc pas arbitraire de ne pas chercher à modéliser le comportement d'un contrôleur - et donc les clairances qu'il transmet aux vols - tout en sachant que ce dernier conserve un grand pouvoir de décision.

Dans ce chapitre, nous avons présenté le modèle d'incertitude retenu pour modéliser l'incertitude en prévision de trajectoire et décrit le processus de contrôle utilisé pour prendre en compte cette composante aléatoire dans notre approche. Nous avons également décrit l'environnement de validation choisi pour tester notre modèle. A la fin du chapitre précédent, nous avons - par souci de clarté - précisé le sens du mot "modèle" dans cette thèse

---

1. Si le contrôleur aérien est le décideur final au sol, c'est le pilote qui l'est en l'air. Toutefois, les pilotes suivent généralement très précisément les clairances données par les contrôleurs, il est donc raisonnable de considérer que le contrôleur est le décideur final.

en explicitant son contenu. A l'issue de chapitre, nous souhaitons élargir ce contenu en y ajoutant les composantes développées dans ce chapitre. Ainsi notre modèle comprend dorénavant :

- un algorithme pour détecter les conflits potentiels (voir 3.1.2),
- un modèle pour réduire les conflits en croisement (le modèle 6),
- un modèle pour réduire les conflits en poursuite (le modèle 8),
- un modèle d'incertitude (voir 4.1.2),
- une boucle à horizon glissant (voir 4.2),
- un module de régulation de vitesse pour appliquer les consignes RTA (voir 4.3.2).

Le chapitre suivant est consacré aux simulations et à l'évaluation de notre modèle à travers de multiples indicateurs de la gestion du trafic aérien.

Chapitre 5

Simulations et résultats

Le contexte expérimental pour implémenter notre modèle a été présenté au chapitre 4. L'usage d'un simulateur de trafic aérien capable de rejouer des journées entières de trafic à partir des plans de vols déposés par les compagnies aériennes nous permet de tester notre modèle sur des instances de trafic réelles. Dans ce chapitre nous présentons les simulations effectuées et les résultats obtenus. La performance du modèle est mesurée en comparant des simulations optimisées avec des simulations de référence où aucune régulation du trafic n'est mise en oeuvre. Pour évaluer les performances de notre modèle, nous mesurons la durée totale des conflits à l'issue des simulations optimisées. Bien que ça ne soit pas notre critère d'optimisation - dans notre modèle nous avons choisi de minimiser une approximation de la charge de conflit et une approximation de la durée des conflits en poursuite - c'est bien la durée totale des conflits que nous cherchons à minimiser. En plus de cette mesure de performance, nous souhaitons également mesurer l'impact de notre modèle sur les flux aériens au regard de différents indicateurs, tels que le nombre de manoeuvres pour réduire les conflits, le retard global et la consommation de carburant. Dans une première partie 5.1, un plan d'expérience est utilisé pour régler la boucle à horizon glissant sur une instance de trafic de petite taille (3, 000 vols), afin d'obtenir un paramétrage efficace pour minimiser la durée totale des conflits. Ce paramétrage est ensuite utilisé pour évaluer la performance de notre modèle sur une instance de grande taille (17, 500 vols). Dans une seconde partie 5.2, les performances de notre modèle sont mesurées à travers plusieurs indicateurs de la gestion du trafic aérien. Enfin, dans une dernière partie 5.3, les limites du modèle sont discutées.

5.1 Simulations

Dans cette partie, nous commençons par présenter le plan d'expérience utilisé pour régler les paramètres de la boucle à horizon glissant. Notre modèle est ensuite évalué à travers plusieurs simulations en comparant la durée totale des conflits obtenue avec une mesure de référence.

5.1.1 Réglage des paramètres

Dans cette section, nous nous attachons à décrire l'influence des différents paramètres sur la performance de notre modèle. Ainsi, dans un premier temps, nous ne considérons pas l'impact du modèle sur les indicateurs tels que le retard ou la consommation de carburant. Notre premier objectif est d'identifier le rôle de chaque paramètre sur la réponse du système observé. Dans un second temps, nous nous focaliserons sur les paramètres de la boucle à horizon glissant et proposerons une approche basée sur la méthode des surfaces de réponse pour déterminer une configuration optimale. Nous discuterons ensuite les premiers résultats obtenus.

Notre modèle peut être perçu comme un système dont la réponse se mesure en termes de réduction de la durée des conflits sur un espace-temps donné. Voici les principaux paramètres intervenant lors de l'implémentation de notre modèle :

Le pas du simulateur - il influence directement la précision de la prévision de trajectoire et la mesure des temps de conflit. Nous choisissons de fixer ce paramètre à $p_{sim} = 10$s pour l'ensemble des simulations réalisées. Notons que ce paramètre est très précis ; la durée d'un conflit ne peut donc être inférieure à 10s.

Le pas du régulateur de vitesse - il modélise le temps de réaction du FMS des vols face aux consignes RTA et a donc une influence sur la réponse du système. Du point de vue opérationnel, ce paramètre doit être aussi fin que possible afin de permettre une éxecution rapide des consignes de régulation de vitesse. Nous choisissons donc de fixer ce paramètre tel que $p_{reg} = p_{sim}$ pour l'ensemble des simulations réalisées. A la différence des paramètres suivants qui sont plus proches de l'optimisation, les paramètres p_{reg} et p_{sim} sont directement liés à la simulation.

Le pas de la boucle à horizon glissant - il détermine à quelle fréquence le module d'optimisation doit être lancé et donc à quelle fréquence le système est observé puis régulé. Ce paramètre a une influence directe sur la détection des conflits potentiels et par conséquent sur l'optimisation. Nous choisissons de borner le pas de la boucle à horizon glissant, p_{opt}, entre deux valeurs. La littérature suggère de considérer des valeurs de l'ordre de 5 minutes [11, 38] ; afin d'envisager une approche plus flexible nous utiliserons l'intervalle : $3 \leq p_{opt} \leq 10$ (en minutes).

L'horizon de prévision - il est directement lié à l'incertitude en prévision de trajectoire et a une influence sur la réponse du système. Dans la littérature divers horizons sont envisagés sans toutefois être réellement caractérisés. L'horizon de prévision doit être grand devant le pas de la boucle à horizon glissant. Afin d'étudier précisément son rôle dans notre modèle, nous considérerons l'intervalle de valeurs : $10 \leq H_n \leq 30$ (en minutes). La littérature suggère en effet que des prévisions au-delà de 30 minutes ne sont pas réalistes [38, 40].

L'intervalle de modulation de vitesse - il joue un rôle central dans les modèles pour réduire les conflits. Dans la cadre du projet ERASMUS deux intervalles de variation de vitesse ont été identifiés. L'objectif était alors de proposer des intervalles de modulation de vitesse subliminaux, c'est-à-dire permettant de réguler les vols sans perturber les contrôleurs. Un premier intervalle est concentré sur de faibles modulations de vitesse et correspond à des variations de vitesses comprises entre -6% et $+3\%$ de la vitesse de croisière des vols. Un second intervalle, plus large mais également adapté au contrôle subliminal, correspond à des modulations comprises entre -12% et $+6\%$ de la vitesse de croisière des vols. Nous choisissons d'utiliser ces deux intervalles pour tester notre modèle.

L'incertitude sur la vitesse des vols - elle correspond à la partie aléatoire introduite dans le modèle. De façon à tester la robustesse de notre modèle face à l'incertitude en prévision de trajectoire, nous choisissons de considérer des valeurs sur l'incertitude en vitesse des vols du même ordre de grandeur que les modulations de vitesse permises. Nous noterons e l'incertitude maximale sur les vitesses des vols, c'est-à-dire que la vitesse du vol f appartient à l'intervalle $v_f \cdot (1 \pm e)$.

Idéalement nous souhaiterions tester toutes les combinaisons possibles de ces différents paramètres afin de récupérer un maximum d'informations sur l'influence de chaque paramètre sur le système. En pratique, ce plan d'expérience est très couteux (en temps) et parmi les six paramètres cités ci-dessus, nous avons choisi d'en fixer deux afin de réduire considérablement le nombre de simulations à effectuer (les pas p_{sim} et p_{reg}). Nous avons également choisi de nous limiter à deux intervalles de modulation de vitesse : une faible régulation $I_f = [-6\%, +3\%]$ et une forte régulation $I_F = [-12\%, +6\%]$. Ce choix est principalement motivé par les conclusions du projet ERASMUS qui indiquent que ces intervalles sont adaptés pour la régulation subliminale ; mais également par le fait que $I_f \subset I_F$, ce qui nous permettra de comparer l'impact de l'intervalle de modulation de vitesse sur la réponse du système. Il est très plausible d'espérer qu'une forte régulation génère une meilleure réponse du système, cependant nous souhaitons déterminer le gain relatif à l'application d'une forte régulation plutôt qu'une faible régulation. L'influence de l'incertitude sur la vitesse des vols est également intuitive : plus l'incertitude est grande plus la réponse du système devrait être dégradée. Pour mesurer la performance de notre modèle face à l'incertitude en prévision de trajectoire, nous choisissons d'utiliser trois valeurs pour cette incertitude : $e = 0\%$, 3% et 6%. Notons qu'en raison des hypothèses faites sur les améliorations technologiques dans les FMS [79], [80], il n'est pas nécessaire d'envisager une incertitude d'ordre de grandeur supérieur. En effet, il est aujourd'hui admis, au sein de la communauté travaillant sur la recherche dans la gestion du trafic aérien, qu'une incertitude de l'ordre de 5% sur la vitesse des vols est déjà significative [8],[11]. L'étude de l'influence des paramètres sur la réponse du système peut donc se réduire à un plan d'expérience basé sur les paramètres de la boucle à horizon glissant (le pas p_{opt} et l'horizon H_n). C'est l'objet de la section suivante.

5.1.2 Plan d'expérience

L'objectif de cette section est de déterminer les valeurs optimales des paramètres de la boucle à horizon glissant pour notre modèle. Le rôle de la boucle à horizon glissant est de tenir compte de l'incertitude en prévision de trajectoire dans notre modèle. Le calibrage de la boucle à horizon glissant est donc intimement lié à l'incertitude introduite dans les simulations. Afin d'observer la réponse du système en fonction du paramétrage de la boucle à horizon glissant, nous proposons de fixer un intervalle de modulation de vitesse ainsi qu'une valeur de l'incertitude sur la vitesse des vols pour réaliser une série de simulations. Dans la section précédente, nous avons choisi de nous focaliser sur deux intervalles de modulation de vitesse et trois valeurs de l'incertitude sur la vitesse des vols. L'objectif est d'introduire un maximum d'incertitude dans le système de façon à identifier le rôle de chaque paramètre en présence d'une forte incertitude. Pour ce plan d'expérience nous choisissons donc d'utiliser le faible intervalle de modulation de vitesse, $I_f = [-6\%, +3\%]$, ainsi qu'une forte incertitude, $e = 6\%$, sur les vitesses des vols. Nous utilisons l'instance RFL ≥ 380 pour réaliser les simulations du plan d'expérience. La méthodologie employée pour ce plan d'expérience est celle des surfaces de réponse ; pour plus de détails sur les fondements de cette approche nous renvoyons le lecteur à [88].

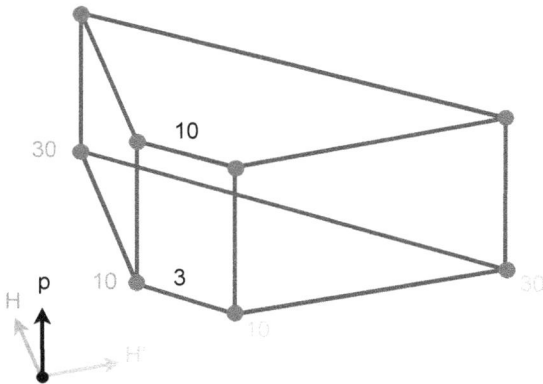

FIGURE 5.1 – Espace de recherche du plan d'expérience.

Dans la section précédente nous avons présenté deux paramètres liés à la boucle à horizon glissant : le pas de la boucle p_{opt} ainsi que l'horizon de prévision H_n. Dans la section 4.2, nous avons proposé de décomposer l'horizon de prévision en deux horizons distincts de façon à amortir le coût des conflits potentiels à long terme lors de l'optimisation. Nous avons ainsi défini l'horizon nominal H_n^1 et l'horizon d'amortissement H_n^a comme deux horizons complémentaires constituant l'horizon de prévision. Nous disposons donc de trois paramètres à calibrer :

- Le pas : p_{opt}
- L'horizon nominal : H_n^1
- L'horizon d'amortissement : H_n^a

La méthodologie des surfaces de réponse consiste à identifier un domaine de définition pour chaque paramètre à étudier afin de définir un espace de recherche représentant toutes les combinaisons possibles des valeurs des paramètres étudiés. Dans la section précédente, nous avons choisi de borner le pas de la boucle à horizon glissant par : $3 \leq p_{opt} \leq 10$ (en minutes), et l'horizon de prévision par : $10 \leq H_n \leq 30$ (en minutes). Nous rappelons l'équation 4.4 liant les différents horizons :

$$H_n = H_n^1 + H_n^a$$

Les domaines de définition des différents paramètres à calibrer nous permettent de définir un espace de recherche pour notre plan d'expérience. L'espace de recherche est ainsi défini par les contraintes (exprimées en minutes) :

$$3 \leq p_{opt} \leq 10$$
$$10 \leq H_n^1 + H_n^a \leq 30$$
$$0 \leq H_n^1 \leq 30$$
$$0 \leq H_n^a \leq 30$$

Les deux dernières contraintes découlent naturellement du fait que H_n^1 ou H_n^a peut potentiellement être réduit à zéro s'il s'avère inefficace en pratique. Cet espace de recherche peut être visualisé comme un trapèze tridimensionnel (voir figure 5.1). Pour chaque point de cet espace, notre modèle est capable de fournir une réponse, c'est-à-dire une réduction de la durée des

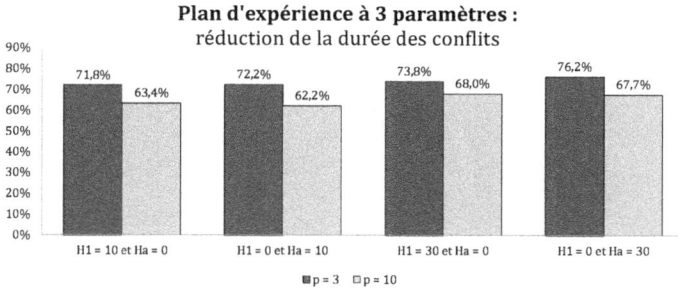

Plan d'expérience à 3 paramètres :
réduction de la durée des conflits

	H1 = 10 et Ha = 0	H1 = 0 et Ha = 10	H1 = 30 et Ha = 0	H1 = 0 et Ha = 30
p = 3	71,8%	72,2%	73,8%	76,2%
p = 10	63,4%	62,2%	68,0%	67,7%

■ p = 3   ☐ p = 10

FIGURE 5.2 – Résultats du plan d'expérience à 3 paramètres : le pas d'optimisation p, l'horizon nominal H_n^1 et l'horizon d'amortissement H_n^a.

conflits sur un espace-temps donné. Intuitivement, l'objectif de cette étude est de déterminer le point expérimental dans l'espace de recherche fournissant la meilleure réponse du système observé. Cependant, l'espace de recherche étant ici un domaine tridimensionnel continu, il n'est pas concevable de tester notre modèle pour chaque point de cet espace. Dans ce cas de figure, la méthodologie des plans d'expériences suggère [88] d'observer la réponse du système en chaque sommet de l'espace de recherche (les points expérimentaux correspondants sont les sommets du trapèze de la figure 5.1). Cette étude permet d'identifier l'influence de chaque paramètre sur la réponse du système tout en fournissant des informations sur leur corrélation. Afin de se prémunir contre des résultats trop volatiles (en raison de l'incertitude en prévision de trajectoire), nous proposons de mesurer la réponse du système sur cinq simulations réalisées dans des conditions identiques. Ainsi, chaque résultat présenté correspond à la moyenne obtenue sur cinq simulations réalisées avec le même paramétrage. Les résultats de cette étude sont présentés dans la figure 5.2. Chaque donnée correspond donc à une moyenne sur cinq simulations réalisées avec un jeu de paramètres fixe dont les valeurs figurent dans le tableau sous l'histogramme. Pour chaque série de cinq simulations, la variance des résultats obtenus est inférieure à 0.02%, ce qui démontre une bonne stabilité de l'outil de simulation. Nous rappelons que pour chaque simulation, la performance du modèle est mesurée en comparant la durée totale des conflits obtenue avec la durée de référence (obtenue en mesurant la durée des conflits lorsqu'aucune régulation n'est mise en oeuvre).

133

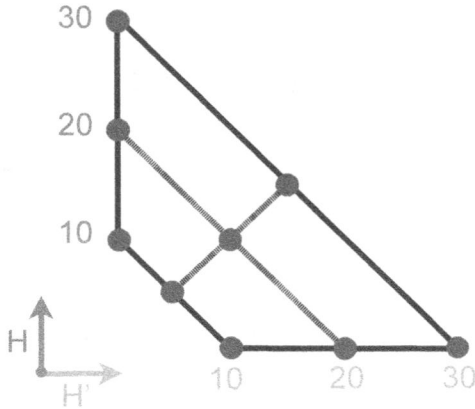

FIGURE 5.3 – Espace de recherche du plan d'expérience restreint.

Les résultats de cette première étape montrent clairement que l'utilisation d'un petit pas, $p_{opt} = 3$ minutes, pour la boucle à horizon glissant produit de meilleurs résultats qu'un grand pas, $p_{opt} = 10$ minutes. En particulier, pour $p_{opt} = 3$ minutes, la performance de l'optimisation semble presque indépendante de la taille de l'horizon de prévision : pour toute valeur des horizons de prévision (nominal et d'amortissement) des résultats similaires sont obtenus. Cela souligne le fait qu'avec un court pas d'optimisation, des horizons de prévisions supérieurs ou égaux à 10 minutes suffisent pour obtenir une réduction significative de la durée des conflits : environ 1/4 de la durée des conflits subsiste après l'optimisation. Lorsqu'un grand pas d'optimisation est utilisé, le modèle est significativement moins performant, en particulier lorsque l'horizon de prévision (nominal ou d'amortissement) est égal au pas d'optimisation : $H_n = p_{opt} = 10$ minutes. Ce résultat nous confirme que l'horizon de prévision doit être grand devant le pas de la boucle à horizon glissant.

Pour poursuivre le calibrage de la boucle à horizon glissant, une possibilité consiste à discrétiser les domaines de définition des paramètres étudiés. Cette méthodologie peut toutefois s'avérer relativement coûteuse (en nombre

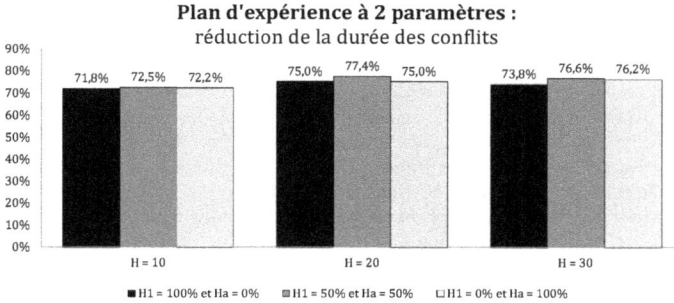

Plan d'expérience à 2 paramètres :
réduction de la durée des conflits

FIGURE 5.4 – Résultats du plan d'expérience à 2 paramètres : l'horizon nominal H^1 et l'horizon d'amortissement H^a.

de simulations à effectuer) selon la granularité de la décomposition de l'espace de recherche retenu. Etant donné que l'influence du pas de la boucle à horizon glissant est évidente (plus le pas est petit, meilleure est la réponse), nous choisissons de restreindre le plan d'expérience aux deux horizons : nominal et d'amortissement. Ayant déjà identifié la réponse de notre modèle aux sommets du trapèze correspondant aux contraintes sur H_n^1 et H_n^a, nous proposons d'observer la réponse du système au milieu de chaque arête du trapèze, ainsi qu'en son centre. La figure 5.3 représente l'espace de recherche réduit aux deux horizons : les cinq nouveaux points expérimentaux ainsi que les sommets de la face du trapèze correspondante sont représentés. Pour ce plan d'expérience, nous classons les résultats en fonction de la taille totale de l'horizon de prévision : $H_n = H_n^1 + H_n^a$. En considérant les points expérimentaux retenus (voir figure 5.3), trois horizons de prévision peuvent être identifiés : $H_n = 10$, 20 ou 30 minutes. Pour chaque valeur de l'horizon de prévision, trois configurations distinctes sont observées, selon la répartition de la fenêtre d'anticipation entre les deux horizons H_n^1 et H_n^a :

- $H_n^1 = 100\%$ et $H_n^a = 0\%$,
- $H_n^1 = 50\%$ et $H_n^a = 50\%$,
- $H_n^1 = 0\%$ et $H_n^a = 100\%$.

La figure 5.4 présente l'ensemble des résultats numériques obtenus pour ce plan d'expérience restreint. Les résultats obtenus sont satisfaisants avec une réduction d'au moins 70% de la durée totale des conflits pour tous les paramétrages de la boucle à horizon glissant observés. Les meilleurs résultats sont réalisés lorsque l'horizon de prévision est égal à 20 minutes. En particulier, la meilleure réponse du système est obtenue lorsque la fenêtre d'anticipation est équitablement répartie sur les deux horizons, nominal et d'amortissement. Les moins bons résultats obtenus avec un horizon de prévision de 30 minutes confirment l'impact de l'incertitude en prévision de trajectoire sur le système de régulation. Soulignons cependant que l'ensemble des résultas obtenus sont du même ordre de grandeur et que même avec un court horizon de prévision - 10 minutes - peut en revanche suffire à réduire de 3/4 la durée totale des conflits à condition que tous les conflits soient pondérés équitablement dans l'objectif ($H_n^a = 0$). Pour fixer les paramètres de la boucle à horizon glissant, nous choisissons de retenir le paramétrage ayant abouti au meilleur résultat, les valeurs des paramètres retenues sont donc (en minutes) :

$$p_{opt} = 3$$
$$H_n^1 = 10$$
$$H_n^a = 10$$

Nous rappelons que ce paramétrage a été obtenu pour une modulation de -6% à $+3\%$ de la vitesse des vols et une incertitude maximale de $e = 6\%$. La fenêtre d'anticipation retenue est donc de 20 minutes, ce qui, avec un pas d'optimisation égal à 3 minutes, correspond à un recouvrement de presque 85% entre deux horizons de prévision consécutifs. Cela souligne le rôle de la détection de conflit, qui en plus d'être réalisée fréquemment, est ajustée pour recouvrir une partie significative de la période de temps observée à l'itération précédente. Avec un horizon d'amortissement égal à 10 minutes, ce plan d'expérience suggère également que cet horizon s'adapte bien à la réduction des conflits.

Dans la section suivante nous proposons d'évaluer notre modèle sur l'instance RFL ≥ 300 avec ce paramétrage de la boucle à horizon glissant. Nous présentons les résultats obtenus pour diverses valeurs de l'intervalle de modulation de vitesse et de l'incertitude.

5.1.3 Performance du modèle

Maintenant que nous avons calibré la boucle à horizon glissant, nous souhaitons mesurer la performance de notre modèle en fonction de l'intervalle

(a) Evolution du nombre de vols actifs sur la journée de trafic observée.

(b) Espace aérien supervisé par Eurocontrol.

FIGURE 5.5 – Trafic aérien observé : seuls les vols ayant un RFL $\geq$ 300 sont considérés, ce qui correspond à un total de $17,500$ vols sur 24 heures de trafic.

de modulation de vitesse autorisé ainsi que de l'incertitude maximale sur la vitesse des vols. Dans la section 5.1.1, nous avons choisi de considérer deux intervalles de modulation de vitesse et trois valeurs pour l'incertitude maximale sur la vitesse. Nous proposons de tester notre modèle sur l'instance RFL $\geq$ 300, comportant $17,500$ plans de vols, avec les six combinaisons possibles d'intervalles de modulation de vitesse et d'incertitude maximale. Pour rendre compte de l'activité, en termes de mouvements aériens, sur la journée de trafic observée, la figure 5.5a montre l'évolution du nombre de vols actifs en fonction de l'heure de la journée. Nous rappelons que l'espace aérien considéré correspond à la partie de l'Europe supervisée par Eurocontrol (voir figure 5.5b). La journée commence à minuit avec un léger trafic comportant un peu plus de $1,000$ vols, le volume de trafic augmente sensiblement à partir de $4h$ pour atteindre $2,000$ vols vers $6h$ et diminue rapidement à partir de $19h$. En moyenne, $1,852$ vols évoluent simultanément dans l'espace aérien observé, avec un maximum de $2,400$ vols environ atteint vers $14h$.

La figure 5.6 montre l'évolution du nombre de conflits en croisement et en poursuite détectés à chaque itération de l'algorithme de détection de conflit, pour différentes valeurs de l'incertitude maximale sur la vitesse des vols. Nous rappelons que cette incertitude n'est pas prise en compte lors

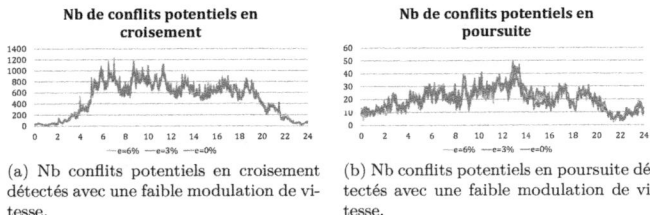

Nb de conflits potentiels en croisement

Nb de conflits potentiels en poursuite

(a) Nb conflits potentiels en croisement détectés avec une faible modulation de vitesse.

(b) Nb conflits potentiels en poursuite détectés avec une faible modulation de vitesse.

FIGURE 5.6 – Statistiques sur le nombre de conflits potentiels détectés pour différentes valeurs de l'incertitude maximale.

de la détection des conflits potentiels ainsi l'influence de l'incertitude sur la vitesse des vols sur le nombre de conflits potentiels détectés est très limitée, comme le montre la figure 5.6. La figure 5.6a démontre une nette augmentation du nombre de conflits en croisement entre $5h$ et $6h$ avec plus de 400 conflits potentiels détectés et ce n'est qu'à partir de $20h$ que le volume de trafic décroît au point que le nombre de conflits en croisement diminue significativement. Notons qu'un maximum de $1,200$ conflits en croisement est atteint vers $7h$. De façon générale, au cours de la journée, entre 600 et 800 conflits potentiels en croisement sont régulièrement détectés. L'évolution du nombre de conflits potentiels en poursuite est la plus constante avec un maximum de 50 conflits potentiels en poursuites détectés vers $13h$. Globalement, le nombre de conflits potentiels en poursuite détectés évolue entre 10 et 40 conflits. Le nombre de conflits potentiels en poursuite détectés est plus sensible à l'incertitude maximale sur la vitesse des vols que le nombre de conflits potentiels en croisement : bien que du même ordre de grandeur, les courbes dans la figure 5.6b ne se superposent pas toujours, contrairement à celles de la figure 5.6a qui ne sont que très légèrement différentes. L'impact, très modéré, de l'incertitude maximale sur le nombre de conflits potentiels détectés, nous permet d'affirmer que, globalement, l'introduction d'un aléa dans notre modèle ne génère pas de conflits potentiels supplémentaires.

La performance du modèle est mesurée en comparant une simulation optimisée avec une simulation de référence ; ainsi la simulation de référence associée à l'instance RFL ≥ 300 est utilisée pour mesurer le pourcentage de réduction de la durée totale des conflits. Similairement au protocole expérimental mis en oeuvre dans le cadre du plan d'expérience, les résultats

Variabilité de la réponse du modèle

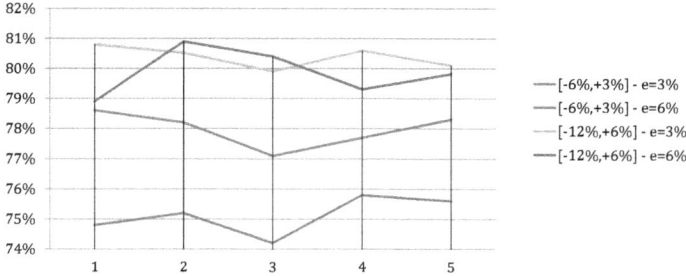

FIGURE 5.7 – Séries de 5 simulations réalisées sur l'instance : RFL ≥ 300 avec différents paramétrages de l'intervalle de modulation de vitesse et de l'incertitude maximale sur la vitesse des vols.

présentés dans cette section correspondent à une moyenne obtenue à partir de cinq simulations réalisées avec le même paramétrage. La mesure de performance de ces cinq simulations pour chaque paramétrage étudié est présenté dans la figure 5.7. Comme le montre très clairement cette figure, les résultats obtenus ne varient que très faiblement : pour chaque paramétrage, la réduction de la durée totale des conflits sur cinq simulations a une variance de l'ordre de 0.01%. Cela s'explique principalement par le fait que de nombreux conflits sont détectés et résolus au cours d'une seule simulation, ainsi il existe suffisamment d'évènements pour que l'incertitude n'affecte pas significativement deux simulations réalisées avec le même paramétrage. La figure 5.7 ne présente pas les résultats obtenus pour les simulations réalisées avec une incertitude maximale nulle ($e = 0\%$). En effet, dans ce cas de figure, la réponse du modèle est constante puisqu'aucun aléa n'est introduit dans le système. Dans le reste de ce chapitre, l'ensemble des résultats présentés est obtenu en effectuant la moyenne des résultats obtenus sur les cinq simulations réalisées ci-dessus (pour chaque paramétrage observé).

La performance du modèle est évaluée en considérant la moyenne des réductions de la durée totale des conflits pour chaque paramétrage de l'intervalle de modulation de vitesse et de l'incertitude maximale. Les résultats obtenus sont présentés dans la figure 5.8. Les résultats obtenus pour l'ensemble des paramétrages observés sont satisfaisants : la durée totale des

Réduction de la durée des conflits

90%
80%
70%
60%
50%
40%
30%
20%
10%
0%

78,5%   81,2%   78,0%   80,4%   75,1%   79,9%

e = 0%   e = 3%   e = 6%

□ [-6%,+3%]   ■ [-12%,+6%]

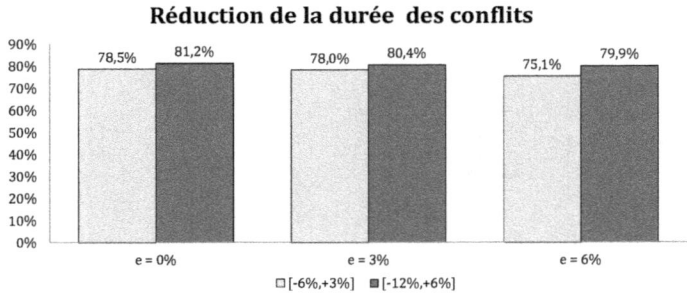

FIGURE 5.8 – Instance : RFL ≥ 300, soit environ 17,500 vols.

conflits est réduite d'au moins 75% - faible régulation et forte incertitude
et jusqu'à 81% - forte régulation et incertitude nulle. L'impact de l'incertitude maximale sur la performance du modèle est conforme à nos attentes :
plus l'incertitude maximale augmente, plus la performance du modèle est
réduite. Le rôle de l'intervalle de modulation de vitesse suit également une
tendance intuitive : plus l'amplitude de l'intervalle de modulation de vitesse
est grand, meilleure est la performance du modèle. En utilisant un intervalle
de modulation de vitesse restreint, $I_f = [-6\%, +3\%]$, et une forte incertitude maximale, $e = 6\%$, la durée totale des conflits est réduite de 75, 1%,
démontrant ainsi la robustesse du modèle face une incertitude maximale sur
la vitesse des vols du même ordre de grandeur. De plus il est important de
noter que cette statistique comprend également les conflits intraitables par
les modèles de réduction des conflits, tels que les conflits entre deux vols
n'étant pas en phase de croisière ou deux vols impliqués dans un conflit en
poursuite sans qu'il soit possible d'éviter un dépassement. Avec près de six
fois plus de vols dans l'instance RFL ≥ 300 par rapport à l'instance RFL
≥ 380, les similitudes entre l'ordre de grandeur des résultats observés lors
du plan d'expérience (voir figure 5.4) et ceux observés dans la figure 5.8
démontrent également une grande adaptabilité du modèle qui change très
efficacement d'échelle. Ces résultats valident donc l'efficacité de notre modèle
sur des instances réalistes et démontrent la robustesse de l'approche face à
l'incertitude en prévision de trajectoire. En particulier, les résultats obtenus
répondent à notre question sur la capacité de la modulation de vitesse face
à une incertitude en prévision de trajectoire du même ordre de grandeur :
en réduisant de façon signiticative (de 3/4) la durée totale des conflits en

140

présence d'une forte incertitude, notre modèle peut être caractérisé comme une méthode efficace pour réduire la durée totale des conflits aériens.

Après avoir mesurer la performance de notre modèle en observant la réduction de la durée totale des conflits, nous souhaitons maintenant évaluer l'impact de notre modèle sur divers indicateurs de la gestion du trafic aérien. L'objectif est de mettre en perspective les résultats présentés dans cette section à travers des indicateurs tels que le nombre de manoeuvres pour réduire les conflits, le retard et la consommation de carburant. Pour parvenir à mesurer convenablement ces indicateurs, nous choisissons de nous focaliser sur l'instance RFL $\geq$ 300. Au regard des résultats obtenus sur la performance du modèle, nous proposons d'utiliser une faible modulation de vitesse, soit l'intervalle $I_f = [-6\%, +3\%]$. Cet intervalle de modulation de vitesse présente l'avantage d'être plus accessible pour les aéronefs que l'intervalle $I_F = [-12\%, +6\%]$, tout en étant plus adapté à la régulation de vitesse subliminale car de moindre amplitude [18]. Pour chaque indicateur considéré, nous proposons d'oberver la réponse du modèle en fonction de l'incertitude maximale sur la vitesse des vols, nous considérerons les trois valeurs précédemment retenues pour cette incertitude : $e = 0\%$, 3% et 6%.

5.2 Indicateurs

La régulation des flux aériens affecte nécessairement les trajectoires des vols et il est essentiel de savoir comment ces modifications de trajectoires se répercutent sur l'ensemble du trafic. Dans le cadre de la réduction des conflits automatique, le nombre de manoeuvres de réduction générées par le modèle utilisé est également un indicateur central car il caractérise le degré d'intervention du modèle sur le flux de trafic. Dans cette partie nous discutons également la mesure de l'indicateur correspondant au nombre de conflits résolus par notre modèle. Enfin nous terminerons en présentant les performances du module d'optimisation, c'est-à-dire les temps de calcul pour chaque résolution du PLNE. Afin d'acquérir un maximum de données pour établir les résultats, nous utiliserons l'instance RFL $\geq$ 300 pour observer le comportement des indicateurs. Nous rappelons que cette instance comprend environ 17,500 plans de vol et correspond à tous les plans de vol ayant un RFL supérieur ou égal à 30,000 pieds. Nous rappelons également que l'ensemble des indicateurs présentés dans cette partie correspondent à des moyennes calculées sur des séries de cinq simulations réalisées avec le même paramétrage.

5.2.1 Les manoeuvres de réduction des conflits

Précisons d'abord la méthode utilisée pour compter le nombre de manoeuvres émises par vol. Dans les modèles pour réduire les conflits, les principales variables de décision sont les temps de passage des vols - les consignes RTA - ainsi nous pourrions intuitivement compter le nombre de consignes RTA émises par vol. En pratique, cette approche est délicate à implémenter car un même conflit potentiel peut être détecté plusieurs fois avant d'être éliminé. Les vols concernés sont alors susceptibles de recevoir de multiples consignes RTA pour réduire un unique conflit. Bien que ces consignes puissent être légèrement différentes d'une itération sur l'autre en raison du temps de latence dû à l'exécution des consignes RTA dans le régulateur de vitesse et/ou de l'incertitude sur la vitesse des vols, elles correspondent généralement à la même manoeuvre de réduction de conflit : lorsque deux vols sont en conflits, de façon générale, l'un est accéléré et l'autre ralenti. Si ce même conflit est à nouveau détecté à la prochaine itération (par exemple s'il existe encore un risque de conflit), alors, à moins qu'un nouveau vol entre en jeu, c'est toujours le même vol qui est accéléré et le même vol qui est ralenti. De cette façon, le pilote, et surtout les passagers ne perçoivent qu'une seule manoeuvre lorsqu'une réduction de conflit est entamée. A partir de ce constat, nous choisissons de comptabiliser les consignes RTAs en fonction du sens de variation de la vitesse des vols. Nous proposons ainsi de définir une manoeuvre pour réduire un conflit comme une modulation de la vitesse d'un vol qui se termine par son retour à la vitesse nominale (de croisière). Cependant si un vol f'' vient perturber la réduction, préalablement entamée, d'un conflit entre les vols f et f', il faut prendre en compte le cas où le vol f ou f' pourrait recevoir une nouvelle consigne RTA - significativement différente de celle qu'il a déjà reçu - générant des modulations de vitesse dans le même sens que la première consigne RTA. Dans cette configuration, deux manoeuvres de réduction sont effectuées mais le vol concerné ne retrouve sa vitesse nominale qu'une fois les deux manoeuvres de réduction terminées. La figure 5.9 montre la répartition des vols en fonction du nombre de consignes RTA émises pour trois valeurs de l'incertitude maximale sur la vitesse. Une première observation est que pour toute valeur de l'incertitude, près de la moitié des vols ne sont pas affectés par la régulation de vitesse. c'est-à-dire que près d'un vol sur deux ne reçoit aucune consigne de régulation de vitesse pendant son vol. Il faut souligner que cette donnée comprend l'ensemble des vols n'ayant pas été impliqués dans un conflit potentiel. Néanmoins ce résultat reflète une caractéristique majeure de notre modèle : il suggère que si certains vols n'étaient pas régulables, par exemple si un vol a déjà été trop régulé ou si un vol a trop de retard, alors, très probablement il existerait toujours d'autres vols régulables capables de réduire les conflits. Cela démontre une certaine robustesse du modèle face aux perturbations de l'espace aérien (tel que les évènements météorologiques locaux par exemple). La figure 5.9 montre également que le nombre de vols effectivement régulés décroît très rapidement avec le nombre de consignes RTA reçues. Cette tendance souligne le fait que généralement peu de consignes RTA suffisent pour significativement réduire les conflits. Ainsi, de façon générale, seul un très faible pourcentage des vols reçoit plus de 5 consignes RTA au cours de leur trajet. L'influence de l'incertitude sur répartition des consignes RTA parmi les vols est duale :

- la proportion de vols ayant reçu une seule consigne RTA diminue lorsque l'incertitude sur la vitesse des vols augmente,

- cette tendance est renversée pour les vols ayant reçu plus de 2 consignes RTA.

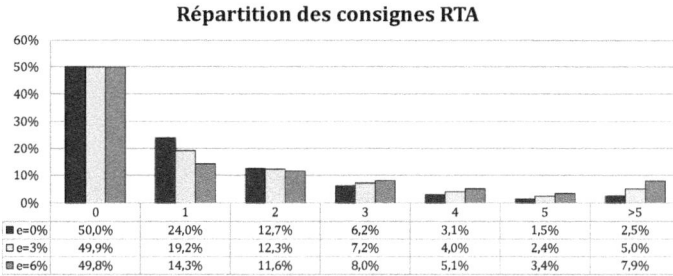

Répartition des consignes RTA

	0	1	2	3	4	5	>5
$e=0\%$	50,0%	24,0%	12,7%	6,2%	3,1%	1,5%	2,5%
$e=3\%$	49,9%	19,2%	12,3%	7,2%	4,0%	2,4%	5,0%
$e=6\%$	49,8%	14,3%	11,6%	8,0%	5,1%	3,4%	7,9%

FIGURE 5.9 – Répartition de la quantité de vols en fonction du nombre de consignes RTA reçues au cours de leur trajet.

Cela rend compte de l'impact de l'incertitude maximale sur le modèle : plus l'incertitude maximale est grande, plus le nombre de consignes RTA requises pour réduire les conflits augmente. Ainsi, en présence d'une forte incertitude maximale ($e = 6\%$) la proportion de vols ayant reçu plus de 5 consignes RTA (7.8%) est significativement plus grande que pour des valeurs plus faibles de l'incertitude maximale. Bien que ce type de régulation ne soit pas désirable - idéalement il faudrait minimiser le nombre de consignes RTA

143

reçues par un vol au cours de son trajet - il est important d'observer la distribution de ces manoeuvres de réduction des conflits par heure de vol. Le tableau 5.1 regroupe les statistiques correspondant au nombre moyen de consignes RTA émises par vol, et par heure de vol. Sans incertitude, un vol reçoit en moyenne légèrement plus d'une consigne RTA (1.05) par vol et si l'observation est restreinte aux vols subissant au moins une régulation de vitesse, un vol moyen reçoit au moins deux consignes RTA (2.12). Ces chiffres augmentent avec l'incertitude, si bien qu'avec une forte incertitude un vol régulé reçoit en moyenne 3.46 consignes RTA par trajet. De même, le nombre maximal de consignes RTA qu'un vol a reçu au cours de son trajet double lorsque la valeur de l'incertitude maximale passe de 0% à 6% pour atteindre 49 consignes RTA. Une telle quantité de consignes RTA peut sembler très grande pour un vol ; ce résultat doit toutefois être mis en perspective avec le nombre de consignes RTA reçues par *heure de vol*. Conformément à l'évolution du nombre de consignes RTA reçues par vol, le nombre de consignes reçues par heure de vol augmente avec l'incertitude maximale. Avec une incertitude maximale de 3% sur la vitesse des vols, 0.39 consignes sont reçues par heure de vol, soit en moyenne, moins d'une consigne toutes les deux heures de vol. Ce résultat est satisfaisant car il correspond à un scénario réaliste où une faible erreur sur la prévision de trajectoire est prise en compte. Avec cette incertitude maximale, un maximum de 4.34 consignes RTA sont reçues par heure de vol.

	$e = 0\%$		$e = 3\%$		$e = 6\%$	
	/vol	/h vol	/vol	/h vol	/vol	/h vol
Nb moyen de RTA	1,05	0,38	1,36	0,39	1,73	0,61
Nb moyen de RTA v.r. :	2,12	0,76	2,74	1,08	3,46	1,22
Nb max de RTA	26	3,03	35	4,34	49	6,32

TABLE 5.1 – Statistiques globales sur les manoeuvres de réduction des conflits. Les données dans la rangée "v.r." correspondent aux *vols régulés* uniquement, c'est-à-dire ceux qui ont reçu au moins une consigne RTA au cours de leur trajet.

Les résultats obtenus pour cet indicateur de performance sont globalement satisfaisants. En particulier, la moitié des vols ne sont pas affectés par la régulation de vitesse. De plus, la majorité des vols régulés ne reçoivent pas plus de 5 consignes RTA au cours de leur trajet, et ce même en présence d'une forte incertitude. Cependant, le nombre maximal de consignes RTA

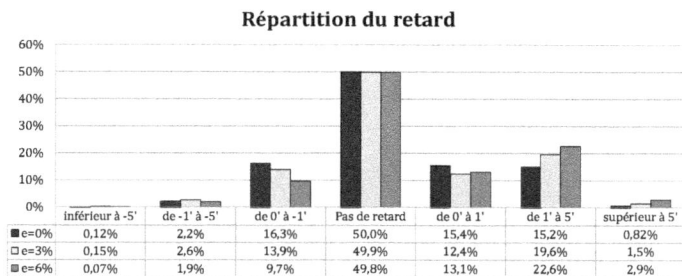

Répartition du retard

	inférieur à -5'	de -1' à -5'	de 0' à -1'	Pas de retard	de 0' à 1'	de 1' à 5'	supérieur à 5'
e=0%	0,12%	2,2%	16,3%	50,0%	15,4%	15,2%	0,82%
e=3%	0,15%	2,6%	13,9%	49,9%	12,4%	19,6%	1,5%
e=6%	0,07%	1,9%	9,7%	49,8%	13,1%	22,6%	2,9%

FIGURE 5.10 – Répartition de la quantité de vols en fonction du retard accumulé au cours de leur trajet.

reçues par heure de vol augmente rapidement avec l'incertitude. Ce phénomène, bien qu'isolé, n'est pas souhaitable car il est possible qu'un vol ne puisse subir une telle régulation. Ainsi, pour tester la robustesse de notre modèle face à des perturbations, nous proposons de limiter le nombre de consignes RTA émises par vol. Cette étude est détaillée dans la section 5.3.

5.2.2 Le retard en-route

Le retard induit par un modèle de réduction des conflits est un indicateur important pour observer l'impact de la méthode employée sur l'écoulement des flux de trafic. Plus généralement, le retard est un indicateur clé de la gestion du trafic aérien au point que la réduction du retard global figure parmi les principaux objectifs fixés par les projets SESAR et NextGen. A défaut d'instaurer le retard comme un objectif à minimiser dans nos modèles de réduction des conflits, nous souhaitons caractériser la performance de notre modèle à la mesure du retard qu'il occasione. Pour mesurer ce retard, nous proposons de comparer les horaires d'arrivée des vols dans les simulations avec régulation de vitesse avec ceux de la simulation de référence. La figure 5.10 montre la répartition du retard observé parmi l'ensemble des vols. Globalement, le retard total est supérieur à l'avance accumulée; ce constat est conforme à l'intervalle de modulation de vitesse utilisé lors de la régulation du trafic. Nous rappelons que nous avons implémenté une faible modulation de vitesse avec l'intervalle $I_f = [-6\%, +3\%]$; ainsi il est plausible que l'amplitude moyenne des retards soit supérieure à celle de l'avance. Conformément à l'indicateur sur le nombre de manoeuvres pour réduire les conflits,

145

la moitié des vols respectent l'horaire prévu, c'est-à-dire qu'ils ne subissent pas de retard, et ce même en présence d'incertitude. Pour une incertitude nulle, 15.4% des vols subissent un retard inférieur à 1 minute, et la même proportion subit un retard compris entre 1 et 5 minutes. Parmi les vols restants, seuls 0.82% des vols - ce qui représente environ 140 vols sur 17,430 - encourent un retard supérieur à 5 minutes, et environ 18% des vols arrivent en avance sur l'horaire de référence. Ces chiffres sont cependant sensibles à l'incertitude sur la vitesse des vols. Ainsi la proportion de vols retardés entre 1 et 5 minutes atteint 22.6% en présence d'une forte incertitude et 2.9% des vols subissent un retard supérieur à 5 minutes. De plus, la proportion des vols en avance est réduite lorsque l'incertitude maximale augmente : environ 12% des vols sont avancés lorsque $e = 6\%$. Le tableau 5.2, qui regroupe les statistiques sur le retard accumulé en route, confirme ces observations. Sans incertitude, le retard moyen observé par vol est inférieur à 30s et cette grandeur est maintenue en dessous de la minute pour une forte incertitude (0.75 minute). Ce résultat démontre un impact très modéré de notre modèle sur le retard moyen induit. Si la statistique est restreinte aux vols régulés, le retard accumulé en route est inférieur à 1 minute pour un scénario réaliste, c'est-à-dire avec une incertitude sur la vitesse des vols de l'ordre de 3%. Le retard relatif (calculé par rapport à l'horaire d'arrivée des vols dans la simulation de référence) est également très faible avec moins de 1% de retard pour les vols régulés, pour toute valeur de l'incertitude observée. Le retard maximum observé augmente significativement avec l'incertitude maximale pour atteindre 42 minutes en présence d'une forte incertitude, ce qui correspond à 16% de retard relatif. Ce résultat n'est clairement pas désirable, aussi est-il possible d'envisager l'instauration d'une contrainte sur le retard relatif maximal qu'un vol peut encourir pendant son trajet.

	$e = 0\%$		$e = 3\%$		$e = 6\%$	
	min	%	min	%	min	%
Retard moyen	0,33	0,2	0,49	0,3	0,75	0,5
Retard moyen v.r.	0,4	0,76	0,97	0,6	1,5	0,9
Retard max	17,7	4,5	25	8,6	42	16
Avance max	13,8	2,8	12,7	2,7	13,6	3,3

TABLE 5.2 – Statistiques globales sur le retard en route (par rapport à la simulation de référence). Les données dans la rangée "v.r." correspondent aux *vols régulés* uniquement, c'est-à-dire ceux qui ont reçu au moins une consigne RTA au cours de leur trajet.

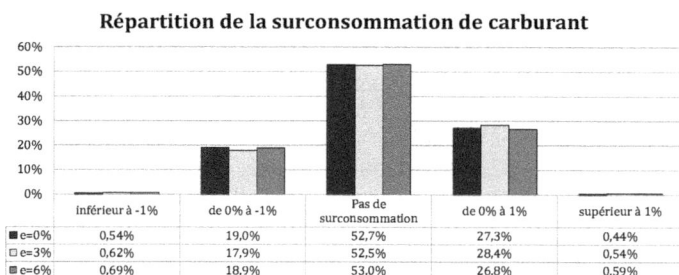

Répartition de la surconsommation de carburant

	inférieur à -1%	de 0% à -1%	Pas de surconsommation	de 0% à 1%	supérieur à 1%
e=0%	0,54%	19,0%	52,7%	27,3%	0,44%
e=3%	0,62%	17,9%	52,5%	28,4%	0,54%
e=6%	0,69%	18,9%	53,0%	26,8%	0,59%

FIGURE 5.11 – Répartition de la quantité de vols en fonction de la surconsommation de carburant accumulée au cours de leur trajet

L'impact de notre modèle sur le retard en-route est donc globalement très modéré mais peut être localement sévère. Il est toutefois important de noter que le retard relatif est directement lié à la borne inférieure de l'intervalle de modulation de vitesse. Ainsi le retard cumulé en-route lors de la régulation de vitesse est "contrôlable" et il est possible d'envisager des politiques pour instaurer une limite sur le retard maximum accumulé, relatif ou absolu. Les conclusions des statistiques sur la distribution des consignes RTA suggèrent que l'usage d'une telle politique est envisageable puisque le retard peut potentiellement être réparti parmi les vols jusqu'alors non-affectés par la régulation de vitesse.

5.2.3 La consommation de carburant

Le carburant représente grossièrement 30% du coût d'un vol, ainsi la consommation de carburant joue un rôle majeur dans les stratégies commerciales des compagnies aériennes. C'est pourquoi à l'instar du retard total, la consommation de carburant est un indicateur central lorsqu'il s'agit de réguler les flux aériens. Nous proposons d'observer la différence de consommation de carburant entre la simulation de référence et les simulations optimisées. Pour ce faire, nous utilisons le modèle de performance BADA qui fournit une fonction permettant de calculer la consommation de carburant en fonction de l'altitude et la vitesse des vols. Rappelons que la vitesse de référence BADA correspond à la vitesse optimale pour un niveau de vol donné. Modifier cette vitesse lors de la modulation de la vitesse des vols entraine donc une surconsommation de carburant. La figure 5.11 montre la répartition de

147

	e = 0%	e = 3%	e = 6%
Surconsommation moyenne	0,01	0,01	0,01
Surconsommation moyenne v.r.	0,02	0,03	0,03
Surconsommation max	28,7	31,1	28,4
Economie max	10	10,4	9,5

TABLE 5.3 – Statistiques globales sur la consommation de carburant (les résultats sont exprimés en %). Les données dans la rangée "v.r." correspondent aux *vols régulés* uniquement, c'est-à-dire ceux qui ont reçu au moins une consigne RTA au cours de leur trajet.

la surconsommation de carburant parmi les vols. Une première observation est que l'incertitude maximale n'a quasiment aucune influence sur la surconsommation de carburant des vols : pour toutes les tranches observées les statistiques varient au maximum de moins de deux points de pourcentage selon la valeur de l'incertitude maximale. De plus, environ 52% des vols n'encourent pas de surconsommation de carburant et que près de 20% des vols voient leur consommation de carburant réduite. Parmi les vols restant, la grande majorité de ces vols dépassent leur consommation de référence de moins de 1% et seuls quelques vols sont sensiblement affectés par la surconsommation de carburant. Ces résultats sont très importants pour caractériser l'impact de notre modèle sur les flux de trafic, car ils démontrent que la régulation de vitesse subliminale peut être appliquée efficacement, c'est-à-dire en réduisant significativement la durée des conflits, avec de très faibles ressources supplémentaires en terme de carburant. Ces observations sont statistiquement mises en valeur dans le tableau 5.3 : la surconsommation moyenne de carburant par vol est de l'ordre de 0.01%, ce qui correspond à une très légère surconsommation. A l'instar des autres indicateurs, la surconsommation maximale de carburant est sévère avec environ 30% de surconsommation pour les différentes valeurs de l'incertitude maximale observées. Inversement, l'économie maximale de carburant est de l'ordre de 10%, démontrant ainsi une forte disparité des gains et des pénalités infligés par le modèle. Ce constat doit cependant être mis en perspective avec le faible nombre de vols concernés par des surconsommations de carburant supérieures à ±1%.

Dans les sections précédentes, nous avons vu à travers les indicateurs sur les manoeuvres pour réduire les conflits et le retard en-route, qu'environ 50% des vols n'étaient pas régulés, c'est-à-dire qu'ils ne recoivent aucune consigne

RTA et n'encourent ni retard, ni avance. L'indicateur sur la consommation de carburant des vols montre qu'en moyenne plus de 72% (52% + 20%) ne surconsomment pas de carburant, ainsi parmi ces vols, environ 22% sont régulés sans surconsommer du carburant. Selon Delgado & Pratts [43], la résolution des conflits par la régulation de vitesse des vols peut être mise en oeuvre en respectant des intervalles de modulation de vitesse spécifiques à chaque type d'aéronef permettant de réguler les vols sans aucune surconsommation de carburant. Nos résultats, obtenus avec l'intervalle de modulation de vitesse suggérée par le projet ERASMUS, requièrent de façon globale une très faible surconsommation de carburant. Ainsi, il plausible qu'en ajustant les bornes de l'intervalle de modulation de vitesse en fonction du type d'aéronef régulé, la surconsommation globale de carburant soit nulle au prix d'une performance du modèle légèrement dégradée. Cette hypothèse est renforcée par le constat établi par Hansman [44] qui observe qu'en pratique la majorité des aéronefs volent à une vitesse maximale, c'est-à-dire qui minimise le temps de parcours au détriment de la consommation de carburant. Ainsi, en réalité, la majorité des vols ne peuvent quasiment pas accélérer, or c'est principalement les accélérations qui sont susceptibles d'induire des surconsommations de carburant comme le souligne les auteurs dans [43]. Une étude approfondie sur les bornes des intervalles de modulation de vitesse est donc requise pour compléter la caractérisation de l'impact de notre modèle sur la consommation de carburant des vols. En effet, les données sur la consommation de carburant des différents types d'aéronefs en fonction de la vitesse de croisière ne sont pas toujours accessibles car elles font partie de la stratégie commerciale des avionneurs. Toutefois, afin de fournir des éléments de réponse, différents intervalles de régulation de vitesse sont testés dans la section 5.3.

5.2.4   Le nombre de conflits

Bien que notre modèle n'ait pas été conçu pour minimiser le nombre de conflits restants mais la durée totale des conflits, cet indicateur est important pour caractériser l'impact de notre modèle sur l'écoulement du trafic aérien. La figure 5.12 montre le pourcentage de réduction des conflits obtenus pour différents paramétrages du modèle. Les résultats obtenus suivent la même tendance que l'indicateur de performance du modèle (la durée totale des conflits) : plus l'incertitude maximale augmente, plus le nombre de conflits résolus diminue. La réduction du nombre de conflits est maximale lorsqu'une forte régulation de vitesse est appliquée et qu'il n'y a pas d'incer-

Réduction du nombre de conflits

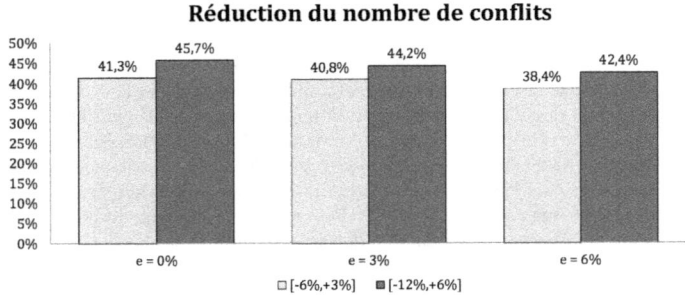

FIGURE 5.12 – Réduction du nombre total de conflits par rapport à la simulation de référence qui comporte 5, 873 conflits

titude (45.7%). De façon générale cet indicateur suit la même tendance que la mesure de performance du modèle, la durée totale des conflits. Bien que ça ne soit pas le critère d'optimisation retenu, le nombre de conflits est donc significativement réduit. Cependant, cette réduction est considérablement inférieure à la réduction de la durée totale des conflits observée (voir figure 5.8). Cela indique que la durée de nombreux conflits potentiels est réduite sans pour autant être nulle. Dans cette thèse, nous avons choisi d'utiliser la durée des conflits comme métrique pour mesurer la charge de travail potentielle pour les contrôleurs aériens que représente un conflit potentiel. Ainsi, bien que l'indicateur sur le nombre de conflits résolus n'égale pas notre critère de performance, il démontre néanmoins des résultats substantiels, avec plus du tiers de l'ensemble des conflits éliminé, pour tous les paramétrages du modèle observé.

Pour compléter l'évaluation de notre modèle vis-à-vis du nombre de conflits résolus, la figure 5.13 montre l'évolution du nombre de vols sans conflits, c'est-à-dire qui ne violent jamais les normes de séparation au cours de leur trajet, par rapport à la simulation de référence. De façon générale, le nombre de vols sans conflit augmente entre 12% et 15%, selon l'incertitude maximale sur la vitesse des vols et l'intervalle de modulation de vitesse appliqué. Cette augmentation est réduite lorsque l'incertitude augmente, cependant l'intervalle de modulation de vitesse ne semble pas avoir une influence significative sur cet indicateur. Notons qu'un vol sans conflit peut avoir été impliqué dans un conflit potentiel qui a été éliminé par le modèle. De plus,

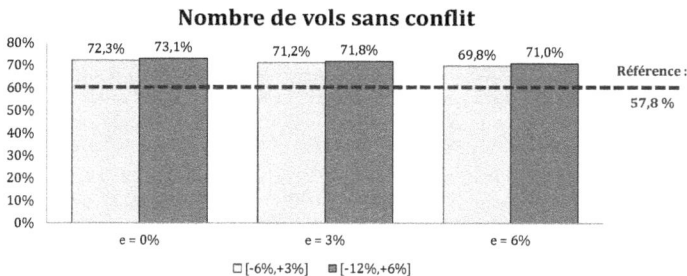

Nombre de vols sans conflit

FIGURE 5.13 – Nombre de vols sans conflits après optimisation, le trait en pointillé représente la quantité de vols sans conflits dans la simulation de référence : 57.8%

un vol sans conflit ayant été impliqué dans un conflit potentiel n'a pas nécessairement reçu de consignes RTA : c'est le cas si un vol en phase de montée ou de descente est en conflit potentiel avec un vol en phase de croisière, seul le vol en croisière est régulé. Dans la section 5.2.1, la figure 5.9 nous montre qu'en moyenne près de 50% des vols ne reçoivent aucune consigne RTA au cours de leur trajet. Ce phénomène est en grande partie dû à l'approche de type pire-cas employée pour détecter les conflits potentiels : en envisageant le pire scénario pour chaque paire de vols, le nombre de conflits potentiels obtenu est supérieur ou égal au nombre de conflits réels. Ce résultat nous confirme que notre modèle surestime le nombre de conflits réels. Bien qu'il eût été préférable que le modèle estimat précisément le nombre de conflits réels, nous pensons que dans le cadre de notre approche, dont le but ultime est de lisser la charge de travail des contrôleurs, il est plus convenable de surestimer, plutôt que de sous-estimer, le nombre de conflits réels.

5.2.5 Temps de résolution de l'algorithme d'optimisation

Dans cette section nous souhaitons mesurer la performance de notre modèle du point de vue du temps de calcul. Nous rappelons qu'à chaque pas de temps $p_{opt} = 3$ minutes, le module d'optimisation est sollicité : une formulation PLNE est construite en fonction des conflits détectés et un solveur (CPLEX) appelé pour sa résolution. Les instances utilisées lors des simulations correspondent à l'ensemble du trafic européen sur une journée entière, soit 24h de simulation, ce qui correspond à 480 appels des modèles pour réduire les conflits. Nous rappelons que le modèle est résolu par le solveur mixte CPLEX v12.4. La figure 5.14 montre l'évolution du temps de calcul en fonction de l'heure de la journée. De façon générale les résultats obtenus sont très satisfaisants avec un temps de résolution moyen inférieur à 1s et un maximum de 2s en présence d'une forte incertitude. Enfin, il est important de noter qu'aucune limite sur le temps d'exécution n'a été imposée, ainsi, tous les PLNE ont été résolus à l'optimalité, avec la précision numérique par défaut, $1e-6$. En conclusion nous pouvons affirmer que la formulation linéaire du modèle est très efficace d'un point de vue opérationnel.

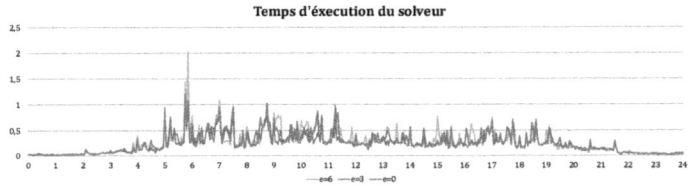

FIGURE 5.14 – Temps d'éxecution du solveur CPLEX v12.4 pour chaque résolution du PLNE.

5.3 Limites de la régulation de vitesse

Afin de déterminer les limites de notre approche, nous proposons d'effectuer plusieurs expériences en nous focalisant sur trois paramètres du modèle :

- l'incertitude sur la vitesse des vols : l'objectif est d'observer l'impact de l'incertitude maximale sur la réponse du modèle pour identifier les limites de notre approche en présence de fortes perturbations. Nous considérons également la possibilité de prendre en compte l'incertitude dans l'algorithme pour détecter les conflits potentiels et discutons les résultats obtenus.

- le nombre maximal de consignes RTA qu'un vol peut recevoir : dans la section 5.2.1, nous avons observé que, globalement, peu de consignes RTA par vol étaient requises pour réduire significativement la durée totale des conflits et nous avons suggéré que notre modèle pourrait s'adapter en présence de perturbations sur la régulabilité des vols,

152

c'est-à-dire la possibilité qu'un vol soit régulé. Pour évaluer la flexibilité de notre modèle face à de telles perturbations, nous proposons de restreindre le nombre de consignes RTA qu'un vol est capable de recevoir.

- l'intervalle de modulation de vitesse : l'ensemble des simulations réalisées jusqu'à présent a été effectué avec les deux intervalles de modulation de vitesse suggérés dans le cadre du projet ERASMUS : $I_f = [-6\%, +3\%]$ et $I_F = [-12\%, +6\%]$. Nous proposons de considérer différents intervalles de modulation de vitesse tout en conservant l'approche subliminale, c'est-à-dire sans dépasser les frontières délimitées par l'intervalle I_F.

5.3.1 Impact de l'incertitude sur le modèle

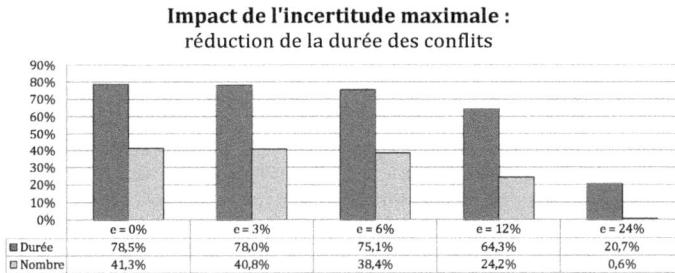

Impact de l'incertitude maximale :
réduction de la durée des conflits

	e = 0%	e = 3%	e = 6%	e = 12%	e = 24%
▨ Durée	78,5%	78,0%	75,1%	64,3%	20,7%
▢ Nombre	41,3%	40,8%	38,4%	24,2%	0,6%

FIGURE 5.15 – Impact de l'incertitude maximale sur la réponse du modèle.

Pour évaluer l'impact de l'incertitude sur la vitesse des vols - et, *a posteriori*, sur la prévision de trajectoire - sur notre modèle, nous utilisons une faible régulation de vitesse, c'est-à-dire l'intervalle de modulation de vitesse $I_f = [-6\%, +3\%]$. La figure 5.15 montre l'évolution de la performance du modèle - la réduction de la durée totale des conflits - ainsi que du nombre de conflits résolus en fonction de l'incertitude maximale sur la vitesse des vols. Les trois premières séries de résultats ($e = 0\%$, 3% et 6%), correspondant à des valeurs réalistes de l'incertitude sur la vitesse des vols, ont déjà été présentées dans les figures 5.8 et 5.12. Pour ces séries, lorsque la valeur de l'incertitude maximale augmente, la performance du modèle ainsi que la réduction du nombre de conflits décroissent de façon linéaire avec une baisse d'environ 2.5% lorsque e augmente de 3%. Au delà de ces valeurs réalistes,

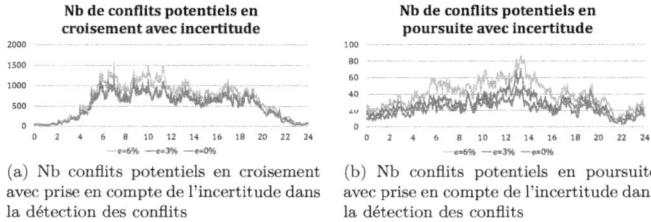

Nb de conflits potentiels en croisement avec incertitude

Nb de conflits potentiels en poursuite avec incertitude

(a) Nb conflits potentiels en croisement avec prise en compte de l'incertitude dans la détection des conflits

(b) Nb conflits potentiels en poursuite avec prise en compte de l'incertitude dans la détection des conflits

FIGURE 5.16 – Statistiques sur le nombre de conflits potentiels détectés pour différentes valeurs de l'incertitude maximale.

la performance du modèle se dégrade plus rapidement : avec une incertitude maximale égale à 12%, la réduction de la durée totale des conflits décroît de 15% par rapport au cas où $e = 6\%$, soit trois fois plus rapidement que dans la plage réaliste. Dans une configuration extrême où l'incertitude maximale sur la vitesse des vols atteint 24%, la performance du modèle chute à 20.7% et moins d'1% des conflits sont résolus. Ces résultats témoignent de la sévérité du modèle d'incertitude utilisé et confirme la robustesse du modèle face à des valeurs réalistes de l'incertitude sur la vitesse des vols. Nous rappelons que la distribution de l'incertitude sur la vitesse des vols est supposée uniforme et que cette modélisation de l'incertitude sur la vitesse des vols vise à représenter l'erreur effectuée sur la prévision de trajectoire des vols, dans un cadre où les FMS des vols sont aptes à suivre des consignes RTA.

Dans les sections 3.1 et 4.1.1, nous avons évoqué la possibilité de prendre en compte l'incertitude sur la vitesse des vols lors de la détection des conflits potentiels. Pour ce faire, il suffit de considérer les vitesses minimales et maximales des vols en tenant compte de l'incertitude maximale sur la vitesse des vols lors de l'évaluation des quantités $Q(c)$ et $Q_0(c)$ déterminées par les formules (3.3) et (3.10). L'introduction de l'incertitude sur la vitesse des vols relaxe naturellement les contraintes sur les vitesses des vols, ainsi le nombre de conflits potentiels détectés également. La figure 5.16 montre l'évolution du nombre de conflits détectés lorsque l'incertitude sur la vitesse des vols est prise en compte dans la détection des conflits potentiels. Le nombre de conflits potentiels en croisement détectés augmente légèrement par rapport à la figure 5.6. En particulier, en présence d'une forte incertitude maximale ($e = 6\%$), un maximum de plus de $1,500$ conflits détectés est observé, contre

$1,200$ lorsque l'incertitude n'est pas prise en compte dans la détection des conflits potentiels. Le nombre de conflits potentiels en poursuite détectés est encore plus sensible à la prise en compte de l'incertitude dans la détection des conflits comme l'indique la figure 5.16b. L'augmentation du nombre de conflits potentiels en poursuite détectés semble proportionnelle à la valeur de l'incertitude maximale. Ainsi lorsque $e > 0\%$, le nombre de conflits en poursuite détectés dépasse le maximum observé dans la figure 5.6b (50 conflits en poursuite) à plusieurs instants de la journée. La performance du modèle lorsque l'incertitude sur la vitesse des vols est prise en compte dans la détection des conflits potentiels est résumée dans la figure 5.17. Globalement, la réponse du modèle ne varie pas sensiblement lorsque l'incertitude est prise en compte. En dehors du paramétrage où une faible modulation de vitesse ($I_f = [-6\%, +3\%]$) et une faible incertitude maximale ($e = 3\%$) sont appliquées, la performance du modèle est systématiquement réduite. Lorsque l'incertitude sur la vitesse des vols est prise en compte dans la détection des conflits potentiels, l'ensemble des vitesses possible pour chaque vol est étendu par la valeur de l'incertitude maximale. L'approche de type pire-cas employée pour détecter les conflits potentiels devient alors extrêmement conservative, ainsi de nombreuses fausses alarmes sont susceptibles d'être générées pouvant, *in fine*, conduire vers une dégradation de la réponse globale du modèle. De plus, le nombre de conflits potentiels détectés ayant significativement augmenté, il est très probable que le nombre de consignes RTA reçues par les vols suive également cette tendance. En conclusion, nous estimons que l'approche de type pire-cas sans prise en compte de l'incertitude utilisée est suffisament efficace pour détecter les conflits potentiels.

Réduction de la durée conflits avec prise en compte de l'incertitude dans la détection des conflits

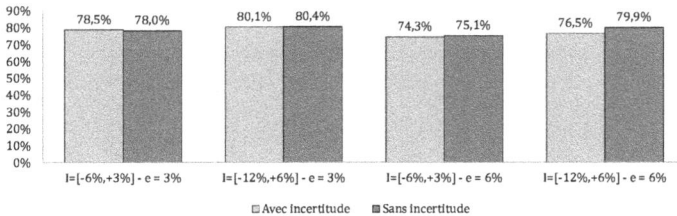

FIGURE 5.17 – Comparaison de la performance du modèle avec et sans prise en compte de l'incertitude dans la détection des conflits potentiels.

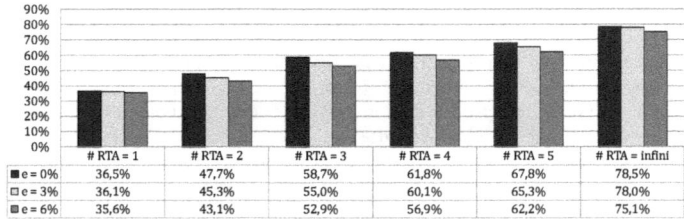

Contrainte sur le nombre consignes RTA :
réduction de la durée des conflits

	# RTA = 1	# RTA = 2	# RTA = 3	# RTA = 4	# RTA = 5	# RTA = infini
■ e = 0%	36,5%	47,7%	58,7%	61,8%	67,8%	78,5%
☐ e = 3%	36,1%	45,3%	55,0%	60,1%	65,3%	78,0%
■ e = 6%	35,6%	43,1%	52,9%	56,9%	62,2%	75,1%

FIGURE 5.18 – Performance du modèle en fonction de la contrainte sur le nombre maximal de consignes RTA autorisé par vol.

5.3.2 Contrainte sur le nombre de consignes RTA

L'objectif de cette étude est de tester la robustesse de notre modèle face à de sévères perturbations sur la méthode de réduction des conflits employée, c'est-à-dire la régulation des temps de passage des vols. Nous proposons de contraindre le nombre de consignes RTA qu'un vol est autorisé à recevoir. Le but étant de tester le modèle développé dans cette thèse, la formulation mathématique du modèle n'est pas modifiée : dans cette configuration, l'optimisation ne tient pas compte de la contrainte sur le nombre maximum de consignes RTA et les temps de passage optimisés sont potentiellement irréalisables. Pour implémenter cette contrainte, il suffit de mémoriser le nombre de consignes RTA qu'un vol a reçu au cours de son trajet, le vol est déclaré "non-régulable" lorsque le nombre de consignes RTA qu'il a reçu est égal au nombre maximal de consignes RTA qu'un vol peut recevoir. La figure 5.18 montre l'évolution de la réponse du modèle en fonction du nombre maximum de consignes RTA autorisée par vol. Bien que les résultats fournis par l'indicateur sur le nombre de consignes RTA suggèrent que peu de consignes sont requises pour réduire significativement la durée totale des conflits, cette étude montre que ce n'est pas vrai pour tous les vols. En effet, avec une seule consigne RTA autorisée par vol, la réponse du modèle est de l'ordre de 36%. Cependant cette statistique est rapidement améliorée lorsque le nombre maximum de consignes RTA autorisé augmente : avec une incertitude maximale de 3% et 2 consignes RTA autorisées par vol, 45% de la durée totale des conflits est éliminée. Ce chiffre atteint 55% lorsque 3 consignes RTA sont autorisées mais voit sa progression ralentie par la

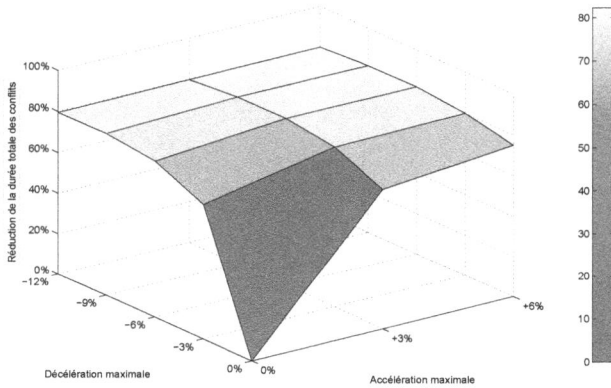

FIGURE 5.19 – Réponse du modèle pour différentes valeurs de l'intervalle de modulation de vitesse en présence d'une incertitude maximale de 3% sur la vitesse des vols.

suite. Ces résultats confirment que peu de ressources - consignes RTA - sont requises pour réduire de moitié la durée totale des conflits, et ce dans un contexte où le modèle d'optimisation ne tient pas compte de la contrainte sur le nombre maximum de consignes RTA autorisées par vol. Enfin, cette étude indique que seule une faible proportion des vols reçoit un grand nombre de consignes RTA au cours de son trajet. Si tel n'était pas le cas, la progression de la performance du modèle en présence de ces perturbations ne seraient pas de type "logarithmique", mais plutôt linéaire.

5.3.3 Sensibilité du modèle face à l'intervalle de modulation de vitesse

Pour évaluer la sensibilité du modèle développé face à l'intervalle de modulation de vitesse, nous proposons de considérer plusieurs intervalles, construits en discrétisant l'espace de recherche formé par les deux bornes de l'intervalle de modulation de vitesse. La figure 5.19 montre la surface de réponse obtenue pour diverses valeurs des bornes inférieure et supérieure de l'intervalle de modulation de vitesse $[-12\%, +6\%]$. L'espace de recherche considéré est borné par les valeurs recommandées par le projet ERASMUS, et chaque paramètre est discrétisé avec un pas de trois points de pourcentage. La surface de réponse obtenue est à caractère concave et, sauf le cas où l'amplitude de l'intervalle de modulation de vitesse est nulle, la réduction de la durée totale des conflits est supérieure à 60%. Cela montre que des intervalles très limités, tels que $[-3\%, 0\%]$ et $[0\%, +3\%]$ suffisent pour réduire significativement la durée totale des conflits. Ce résultat soutient l'hypothèse énoncée dans la section 5.2.3 : le modèle développé peut être performant si les intervalles de modulation de vitesse sont adaptés en fonction des types d'appareils régulés, tout en étant contraints par les bornes subliminales - -12% et $+6\%$ de la vitesse de croisière - et opérationnelles des aéronefs. En particulier, si les intervalles de modulation de vitesse sont adaptés de façon à proscrire toute surconsommation de carburant, la réduction de la durée totale des conflits peut être obtenue à un moindre coût pour les compagnies aériennes.

Conclusion et perspectives

Dans ce travail nous avons proposé un modèle pour traiter le problème de la capacité de l'espace aérien en agissant sur la vitesse des aéronefs. L'approche développée s'articule autour de la régulation de la charge de travail des contrôleurs aériens, qui peut être perçue comme un levier puissant pour aborder le problème de la capacité de l'espace aérien. La méthodologie employée dans ce travail s'appuie principalement sur les conclusions du projet ERASMUS qui propose une approche originale pour réguler la charge de travail des contrôleurs aériens : la régulation de vitesse subliminale. Cette méthode consiste à modifier légèrement la vitesse des vols pour réduire les conflits potentiels sans perturber le contrôleur dans sa tâche. Dans cette thèse, nous avons construit un modèle à partir de ces conclusions et montré son efficacité sur des scénarios de trafic aérien réalistes.

Synthèse des travaux

Dans un premier chapitre, après avoir résumé l'évolution des méthodes de régulation du trafic, nous avons présenté un état de l'art détaillé décrivant, à plusieurs échelles, les contributions existantes sur le problème de la capacité de l'espace aérien et, en particulier, sur les méthodes de détection et résolution de conflits. Suite à cette étude, nous avons pu constater que seulement quelques travaux proposent des approches pour réduire les conflits par des actions sur la vitesse des vols uniquement. Parmi les approches se focalisant sur la régulation de vitesse, la plupart des études réalisées sont limitées à une partie du problème, tel que la résolution d'un conflit ou la modélisation de l'incertitude sur la vitesse des vols. Notre étude nous a confirmé la nécessité d'établir un travail couvrant le problème de la capacité de l'espace aérien dans son ensemble. Nous avons par conséquent choisi de développer un modèle pouvant être utilisé sur des instances de trafic réalistes et d'évaluer sa performance au travers des indicateurs extérieurs au système de régulation mis en place. La nature et le contexte du problème considéré nous incitent à modéliser le problème de la régulation de vitesse comme un problème d'optimisation sous contrainte. Le trafic aérien est un système évoluant continuellement, ainsi afin de proposer des solutions robustes, nous avons choisi de rechercher des solutions globalement optimales, c'est-à-dire tenant compte de l'ensemble du système observé. Cette approche requiert une modélisation fine du problème d'optimisation étudié et constitue le cœur du chapitre suivant.

Le modèle développé dans cette thèse comporte lui-même plusieurs modèles dédiés à des fonctions précises. Dans le second chapitre nous avons proposé des modèles capablent de résoudre les conflits à deux avions par des modulations de vitesse. Dans une première étape nous avons proposé d'inclure les contraintes induites par la régulation de vitesse subliminale au niveau des temps de passages des vols. Cette modélisation s'inspire des contraintes opérationnelles liées à la mise en œuvre des consignes de modulation de vitesse par les aéronefs : sous les hypothèses technologiques établies dans cette thèse, les FMS des aéronefs sont capables de recevoir des consignes RTA - contrainte sur le temps de passage d'un vol en point - *via* un système de type *data-link*. La gestion des RTA est préconisée par les projets SESAR et NextGen et fait progressivement son apparition dans la flotte aérienne ; ainsi il est plausible que d'ici quelques années la majorité des aéronefs fonctionnent avec ce type de consigne. La seconde étape a consisté à définir le critère d'optimisation des modèles de réduction des conflits. Au regard des contraintes imposées par la régulation de vitesse subliminale, nous avons choisi d'inscrire la contrainte de séparation comme critère d'optimisation. En effet, *a contrario* des manœuvres d'évitement faisant appel à des changements de cap ou d'altitude, la régulation de vitesse ne permet pas de résoudre tous les types de conflits. Ainsi, la contrainte de séparation ne peut être durablement traitée comme une contrainte forte du modèle au risque d'entraver sa résolution si un conflit ne peut être résolu. Nous avons donc choisi de développer un critère d'optimisation adapté à notre méthode de réduction des conflits, tout en tenant compte de la séparation des vols. Le critère retenu dans cette thèse est la minimisation de la durée totale des conflits. Ce choix est motivé par une analyse de la littérature qui suggère que cette métrique peut être utilisée pour mesurer, du point de vue du contrôleur, la sévérité des conflits potentiels. Pour développer nos modèles de réduction des conflits, nous avons considéré la géométrie des conflits aériens et identifié deux types de conflits : les conflits en croisement et en poursuite. Le modèle pour réduire la durée des conflits en croisement obtenu est fortement non-linéaire et s'avère peu efficace sur des instances de benchmark. Une formulation alternative a donc été développé pour contourner cette difficulté et les performances du modèle obtenu - minimisant la charge de conflit - démontrent l'efficacité computationnelle de cette formulation. Le cas des conflits en poursuite n'ayant jamais été traité précisément dans la littérature, nous choisissons d'orienter le modèle développé vers le respect d'une politique FIFO sur les routes aériennes communes à plusieurs vols. Les modèles de réduction des conflits obtenus sont alors destinés à traiter les conflits à deux avions et pour les étendre à l'ensemble du trafic aérien nous avons développé dans le chapitre suivant le formalisme nécessaire et proposé de les reformuler en Programmes Linéaires en Nombres Entiers (PLNE).

L'extension des modèles de réduction des conflits à l'ensemble du trafic aérien a pour objectif de permettre la résolution globale du problème d'optimisation considéré sur des scénarios réalistes. Pour ce faire nous avons décomposé notre approche en deux parties : la détection et la réduction des conflits aériens. Un algorithme pour construire les ensembles de conflits potentiels détectés a été developpé et le formalisme de la programmation mathématique a été utilisé pour produire des PLNE, pouvant être résolus efficacement par des solveurs commerciaux. Les performances des différents modèles de réduction des conflits en croisement (PNL et PLNE) ont été comparés sur des instances de benchmark et les résultats obtenus soulignent l'efficacité des versions linéaires. En particulier, la qualité des solutions obtenues sur les différents modèles testés confirme l'existence de nombreux optimas locaux capables de compromettre la résolution optimale des problèmes avec des PNL. Cette étude nous a également permis de caractériser notre critère d'optimisation au regard de différents indicateurs, tel que la durée totale des conflits : les résultats démontrent ainsi que bien que la durée des conflits ne soit pas le critère retenu dans notre modèle, les solutions obtenues en minimisant la charge de conflit et une approximation de la durée des conflits en poursuite sont efficaces pour réduire la durée totale des conflits.

Le quatrième chapitre est consacré à la prise en compte de l'incertitude en prévision de trajectoire dans notre modèle. Ce travail vise à modéliser un phénomène inhérent à la gestion du trafic aérien qui affecte aussi bien les acteurs du contrôle aérien que les méthodes automatiques. La prévision de trajectoire est une composante centrale dans le processus de détection des conflits aériens, mais également lors de la prise des décisions visant à résoudre ces conflits. En introduisant une composante aléatoire lors de la prévision de trajectoire des vols, c'est le système de régulation du trafic dans son ensemble qui est concerné. Dans le contexte du contrôle du trafic aérien, il existe de multiples sources d'incertitude pouvant perturber l'écoulement du trafic. Afin de prendre en compte ce type de perturbation dans notre approche, nous avons développé un modèle d'incertitude visant à représenter l'influence d'une erreur sur la vitesse des vols visée. Pour réduire l'impact de l'incertitude sur la qualité des solutions obtenues, nous avons proposé d'utiliser une boucle à horizon glissant pour réguler périodiquement le trafic et limiter les horizons de prévision utilisés pour détecter les conflits aériens. Enfin, nous avons choisi d'intégrer l'incertitude en prévision de trajectoire dans notre modèle au niveau de l'application des consignes RTA, cette approche nous permet de séparer le modèle d'optimisation du modèle d'incertitude.

L'évaluation du modèle développé est entreprise dans le cinquième chapitre à l'aide d'un outil de simulation capable de rejouer des journées entières de trafic sur l'ensemble de l'espace aérien européen. Dans une première partie, l'influence des différents paramètres du modèle est discutée puis caractérisée à travers un plan d'expérience visant à identifier le rôle des paramètres de la boucle à horizon glissant. La performance du modèle est évaluée en mesurant la réduction de la durée totale des conflits par rapport à une simulation de référence dans laquelle aucune régulation du trafic n'est appliquée. Les résultats obtenus reflètent l'efficacité de l'approche adoptée, la durée totale des conflits est significativement réduite, et ce même en présence d'une forte incertitude maximale (±6%) sur la vitesse des vols. Les simulations effectuées montrent également que de faibles modulations de vitesse comprises entre (−6% et +3%) suffisent pour réduire considérablement la durée totale des conflits. Ces résultats valident ainsi les choix de modélisation retenus dans les chapitres 2 et 3 : l'usage de la charge de conflit comme critère d'optimisation et les approximations utilisées pour aboutir à un PLNE capable d'être résolu efficacement sur des instances de grande taille. Dans une seconde partie, nous avons proposé une série d'indicateurs propres à la gestion du trafic aérien pour évaluer l'impact de notre modèle sur l'écoulement du trafic dans son ensemble. Parmi ces indicateurs, nous avons considéré le nombre de consignes RTA reçues par les vols au cours de leur trajet, le retard total induit, la surconsommation de carburant et le nombre de conflits résolus . Tous ces indicateurs ont démontré des comportements avantageux, indiquant que le modèle n'affecte globalement que de façon limitée les trajectoires des vols. Plusieurs expériences ont également été menées pour tester la robustesse du modèle face à différentes perturbations, telles qu'une contrainte sur le nombre maximal de consignes RTA pouvant être reçues par vol et une très forte incertitude maximale sur la vitesse des vols. Ces tests ont permis d'identifier les limites de notre modèle et de la régulation de vitesse subliminale.

Synthèse des résultats

Pour mesurer la performance de notre modèle nous l'avons testé sur des instances regroupant l'ensemble du trafic au sein de l'espace aérien européen. Le modèle testé comporte plusieurs paramètres ; certains d'entre eux ont une influence relativement intuitive sur la réponse du modèle (par exemple, l'incertitude maximale), d'autres observent des dépendances entre eux (par exemple l'horizon de prévision est un paramètre lié à l'incertitude maximale). Ainsi, pour définir notre protocole expérimental nous avons fixé les pas de simulation (p_{sim}) et de régulation (p_{reg}), et proposé de régler les paramètres de la boucle à horizon glissant *via* un plan d'expérience. Ce plan d'expérience a été réalisé sur une instance de petite taille correspondant à l'ensemble des vols ayant un niveau de vol de référence supérieur ou égal à 38, 000 ft (3, 000 vols). Cette étude nous a permis d'identifier la contribution de chaque paramètre de la boucle à horizon glissant sur la performance du modèle. Une fois, les paramètres de la boucle à horizon glissant fixés, nous avons considéré les paramètres subsiduels pour évaluer la performance de notre modèle - l'intervalle de modulation de vitesse et l'incertitude sur la vitesse des vols - sur une instance de grande taille correspondant à l'ensemble des vols ayant un niveau de vol de référence supérieur ou égal à 30, 000 ft (17, 500 vols). Pour mesurer l'influence de ces deux paramètres sur la réponse du modèle nous avons défini plusieurs paramétrages qui peuvent être résumés comme suit :

- Deux intervalles de modulation de vitesse ont été utilisés, tous deux sont basés sur les conclusions du projet ERASMUS [18] :
  1. l'intervalle $I_f = [-6\%, +3\%]$ correspond à une faible régulation de vitesse des vols, selectionné en tenant compte du fonctionnement des moteurs des aéronefs [18].
  2. l'intervalle $I_F = [-12\%, +6\%]$ correspond à une forte régulation de vitesse et démarque les limites de la régulation de vitesse subliminale : au-delà de cette plage de variation autour de la vitesse de croisière des vols, les modulations de vitesse des aéronefs sont

susceptibles de perturber les contrôleurs dans leur exercice, ce qui va à l'encontre du concept introduit par Villiers [17].

- Pour mesurer l'impact de l'incertitude en prévision de trajectoire sur notre modèle, nous avons considéré trois valeurs pour l'incertitude maximale sur la vitesse des vols :

  1. $e = 0\%$ correspond au cas déterministe, où les futures positions des vols sont connues avec précision.

  2. $e = 3\%$ correspond à une faible incertitude sur la vitesse des vols ; sous les hypothèses technologiques considérées dans cette thèse (FMS capables de suivre des consignes RTA fonctionnant avec le système *Data-Link*) ce scénario est le plus réaliste.

  3. $e = 6\%$ correspond à une forte incertitude sur la vitesse des vols et permet de mesurer la robustesse de notre modèle en présence d'une incertitude du même ordre de grandeur que les modulations de vitesse autorisées.

La performance du modèle a été évaluée en considérant les six combinaisons réalisables avec ces paramétrages. Les résultats obtenus sont avant tout globalement satisfaisants : en effet, pour tout paramétrage observé la durée totale des conflits est réduite d'au moins 3/4. De surcroît, ces résultats valident l'usage de la fonction objectif des modèles de réduction des conflits, qui minimise une approximation de la charge de conflit et une approximation de la durée des conflits en poursuite, et non la durée totale des conflits. Ces résultats démontrent également la robustesse de notre approche face à l'impact de l'incertitude en prévision de trajectoire : en présence d'une forte incertitude et d'une faible régulation, la réponse du modèle est certes légèrement diminuée mais ne fléchit pas. Enfin, ces résultats montrent que de faibles ressources suffisent pour réduire significativement la durée totale des conflits : bien qu'une forte régulation conduise à de meilleurs résultats, les performances du modèle lorsqu'une faible régulation est appliquée sont relativement proches. Cela suggère également que tous les vols ne sont pas capables de jouir de l'intégralité de l'intervalle I_F : notre modèle effectue en effet un pré-traitement visant à déterminer les vitesses minimales et maximales des aéronefs en fonction de leurs capacités aérodynamiques et de l'intervalle de variation de vitesse autorisé (voir section 2.1). Cette hypothèse rejoint celle énoncée dans la section 5.3.3 : une régulation de vitesse adaptée aux profils aérodynamiques des aéronefs est probablement suffisante pour réduire significativement la durée totale des conflits, et ce en minimisant -

voire éliminant - les coûts liés à la surconsommation de carburant.

Pour observer l'impact de notre modèle sur les flux de trafic, nous avons sélectionné plusieurs indicateurs : le nombre de consignes RTA reçues par les vols, le retard total, la surconsommation de carburant et le nombre de conflits restants. Dans la majorité des cas, ces indicateurs ont été observés avec une faible régulation de vitesse, c'est-à-dire en appliquant l'intervalle de modulation de vitesse I_f. Ce choix est une conséquence des résultats observés lors de la mesure de performance du modèle : la faible régulation de vitesse étant presque qu'aussi performante qu'une forte régulation, nous avons choisi de nous focaliser sur ce paramétrage. En pratique, l'usage d'une politique de régulation du trafic ne nécessitant que de faibles ressources est immédiatement valorisée et également bénéfique à l'ensemble des acteurs et des usagers de l'exploitation d'un réseau aérien. Nous avons en premier lieu considéré le nombre de consignes RTA reçues par les vols au cours de leur trajet. Cet indicateur nous apprend que la moitié des vols considérés ne reçoit aucune consigne RTA, et ce même en présence d'incertitude. Ce résultat souligne l'impact modéré de notre modèle sur le trafic mais doit toutefois être mis en perspective à travers d'autres indicateurs. En particulier, nous avons observé dans la section 5.2.4 qu'environ 58% des vols possède des trajectoires sans conflit dans notre simulation de référence. Ces données nous permettent de caractériser l'instance de trafic utilisée pour évaluer notre modèle. Ainsi bien que moins de la moitié des vols (42%) aient initialement une trajectoire conflictuelle, notre modèle fait appel à la moitié des vols pour réduire de plus de 3/4 la durée totale des conflits. Ces observations suggèrent que certains conflits sont difficiles à résoudre *via* des modulations de vitesse uniquement. Si tel n'était pas le cas, il est plausible que plus de la moitié des vols seraient sollicités par le modèle. Par conséquent, nous pouvons conclure que la part restante de la durée totale des conflits est composé de conflits irrésolubles pour notre modèle, par exemple des conflits entre deux vols en montée (ou en descente) ou encore des conflits en poursuite conduisant inévitablement à des dépassements. Nous rappelons que de telles situations peuvent être détectées avant l'optimisation, ces types de conflits potentiels ne sont donc pas transmis à l'optimisation de façon à ne pas inciter un poursuivant trop rapide à dépasser son leader. Le nombre moyen de consignes RTA reçues par heure de vol nous permet de caractériser l'impact global de notre modèle du point de vue des compagnies aériennes et des pilotes : avec un maximum de $1, 2$ consignes par heure de vol, en considérant uniquement les vols régulés par le modèle. Cet indicateur souligne l'aspect opérationnel de notre approche qui ne requiert que des moyens limités et suggère que la direction des variations de vitesse n'est pas remise en question par l'optimisation : dans le cas contraire, le nombre de consignes RTA augmenterait rapidement en présence d'incertitude.

L'impact de notre modèle sur le retard total et sur la surconsommation de carburant témoigne également de la faible quantité de ressources requises pour parvenir à réduire significativement la durée totale des conflits. Ces résultats encourageants rejoignent les conclusions préalablement établies suggérant que notre modèle pourrait être adapté de façon à limiter le retard accumulé et la surconsommation de carburant encourue par vol. Le nombre de conflits résolus par notre modèle suit une tendance similaire à la réduction de la durée totale des conflits sans pour autant égaler ses performances. Ce résultat est une conséquence du choix de notre fonction objectif et souligne la différence entre ces métriques. Nous rappelons que le choix de réduire la durée des conflits est motivé par l'aspect subliminal de notre approche dont le but ultime est de lisser la charge de travail des contrôleurs. Au regard des résultats obtenus, il est plausible qu'une réduction significative du nombre de conflits (par exemple plus 3/4) requiert des ressources considérables. De plus, comme nous l'avons signalé ci-dessus, il est important de souligner que la régulation de vitesse n'est pas capable de résoudre tous les types de conflits et que ce type d'approche vise, dans cette thèse, à réguler les flux de trafic pour protéger les contrôleurs d'éventuelles surcharges de travail.

Perspectives

Les perspectives offertes par ce travail de recherche sont nombreuses. Tout d'abord, le développement de métriques capables de modéliser la charge de travail des contrôleurs en présence d'un trafic dense constitue une piste de travail importante pour l'implémentation d'outils d'aide à la décision visant à assister les contrôleurs dans leur tâche. L'usage d'une telle métrique permettrait d'orienter les modèles pour réduire les conflits vers les conflits les plus urgents à résoudre et de déterminer dans quelles mesures une méthode automatique devrait ou ne devrait pas intervenir pour assister le contrôleur dans sa tâche. Une autre réflexion bénéfique à l'évaluation des modèles de détection et de réduction des conflits consiste à évaluer le coût des conflits restants, c'est-à-dire le coût - du point de vue des contrôleurs - des conflits n'ayant pu être résolus par notre modèle. Cette étude permettrait d'identifier, dans le cas où l'ensemble des conflits ne peuvent être résolus par le modèle, quelle solution est la plus adaptée du point de vue des contrôleurs aériens et des acteurs de la gestion du trafic aérien. Par exemple, selon l'état du trafic aérien il peut être préférable de favoriser une solution minimisant le retard - tout en réduisant significativement la durée des conflits - plutôt que la durée des conflits. Ce type d'optimisation est connu sous le nom de *Goal Programming* et consiste à optimiser séquentiellement un modèle selon plusieurs critères. Une expertise est alors nécessaire pour juger quelle stratégie est la plus adaptée. Notons que notre modèle est parfaitement adapté au *Goal Programming* en raison de la fonction objectif utilisée. En effet, dans notre modèle la durée des conflits est réduite jusqu'à zéro, les variables de décision possèdent donc potentiellement de la "marge de manœuvre" pour être ré-optimisées, au regard d'un second critère. En pratique, l'optimisation multi-niveaux peut être perçue comme un compromis efficace - sous réserve que les fonctions objectif soient convexes - pour affiner la qualité des solutions obtenues au regard d'une expertise approfondie.

La régulation de la charge de travail des contrôleurs est un moyen d'augmenter la capacité de l'espace aérien, cependant la métrique utilisée pour aborder le problème - dans notre cas, la durée des conflits - a une influence significative sur la nature des solutions fournies par l'optimisation. Ainsi, l'élaboration d'une métrique capable de mesurer précisément l'évolution de la charge de travail des contrôleurs en fonction des conflits potentiels détectés constitue une riche perspective de recherche. A défaut d'entreprendre ce type de recherche qui s'éloigne du cadre de la recherche opérationnelle, nous proposons une piste de travail visant à caractériser la robustesse des solutions optimales afin de sélectionner les conflits les plus intéressants à résoudre. Comme le souligne Averty [68], la notion de doute est centrale chez le contrôleur aérien : ainsi un conflit potentiel dont il est difficile de confirmer l'existence est potentiellement plus sévère pour le contrôleur qu'un conflit donc l'existence est certaine. Ce constat nous invite à rechercher différentes métriques pour catégoriser les conflits potentiels et orienter en conséquence l'optimisation des trajectoires des vols. L'origine du doute chez les contrôleurs aériens provient naturellement de l'incertitude en prévision de trajectoire inhérente à la gestion du trafic aérien. Ainsi, une approche possible pour catégoriser les conflits potentiels consiste à évaluer la robustesse des conflits potentiels face à cette incertitude. En optimisation robuste, une solution est dite robuste vis-à-vis de l'incertitude si elle satisfait un ensemble de contraintes quelque soit la réalisation de l'incertitude [89]. En s'inspirant de cette définition, nous proposons de distinguer trois catégories de conflits potentiels :

167

les Conflits Résolus (CR) Ces conflits potentiels sont résolus pour l'ensemble des réalisations de l'incertitude.

les Conflits Incertains (CI) Ces conflits potentiels sont résolus sans incertitude mais pas en présence d'incertitude.

les Conflits Non-résolus (CN) Ces conflits potentiels ne sont pas résolus, même sans incertitude.

Cette catégorisation des conflits potentiels a pour objectif d'identifier les conflits susceptibles d'être résolus de façon certaine, quelque soit la réalisation de l'incertitude, et de différencier les conflits potentiels restants. Pour tester la robustesse des conflits potentiels nous proposons d'utiliser une variante des modèles de réduction des conflits présentés au chapitre 2. Considérons les modèles pour réduire les conflits en croisement 6 et en poursuite 8. L'objectif de cette approche étant de déterminer quels sont les conflits dont la durée peut être réduite à zéro, nous proposons d'introduire une variable binaire $\eta^i_{ff'}$ (resp. $\eta^S_{ff'}$) définie pour tout point (resp. segment) de conflit (f, f', i) (resp. (f, f', S)) telle que :

$$\eta^i_{ff'} \equiv \begin{cases} 1 & \text{si } \omega^i_{ff'} = 0 \\ 0 & \text{sinon} \end{cases} \quad \text{et} \quad \eta^S_{ff'} \equiv \begin{cases} 1 & \text{si } \rho^S_{ff'} + \rho^S_{f'f} = 0 \\ 0 & \text{sinon} \end{cases} \quad (5.1)$$

Naturellement, le critère d'optimisation devient alors la maximisation du nombre de conflits résolus, c'est-à-dire les conflits dont la durée post-optimisation est nulle. La fonction objectif du modèle 6 (resp. 8) peut alors être reformulée comme suit :

$$\max \sum_{(f,f',i)} \eta^i_{ff'} \quad \text{et} \quad \max \sum_{(f,f',S)} \eta^S_{ff'} \quad (5.2)$$

Les solutions fournies par les modèles décrits ci-dessus nous permettent d'identifier quels conflits potentiels peuvent être éliminés : chaque point (resp. segment) de conflit tel que $\eta^i_{ff'} = 1$ (resp. $\eta^S_{ff'} = 1$) correspond à un conflit dont la durée est réduite à zéro. Pour évaluer la robustesse de ces conflit potentiels vis-à-vis de l'incertitude en prévision de trajectoire, nous proposons d'utiliser une variante de l'algorithme de détection de conflit utilisée dans la section 3.1.2. Considérons le cas de conflits en croisement. Pour détecter l'existence d'un conflit potentiel, le test de séparation horizontale 2 compare les intervalles $[\underline{R}, \overline{R}]$ et $[R'_1, R'_2]$. Nous rappelons que dans ce test les quantités $\underline{R}$ et $\overline{R}$ sont calculées en fonction des contraintes sur les vitesses des vols :

$$\underline{R} = \frac{\underline{V}_f}{\overline{V}_{f'}} \quad \text{et} \quad \overline{R} = \frac{\overline{V}_f}{\underline{V}_{f'}}$$

Le test 2 vise à déterminer l'exitence d'un conflit potentiel en croisement pour toute combinaison possible des vitesses des vols f et f'. Dans le contexte de notre approche robuste, les vitesses des vols ont été préalablement décidées par l'optimisation et nous cherchons à déterminer si ces décisions sont robustes vis-à-vis de l'incertitude en prévision de trajectoire. Soit $v_f^\star$ la vitesse du vol f déterminée lors de la résolution du modèle maximisant le nombre de conflits en croisement résolus, nous définissons pour tout vol f l'intervalle $[\underline{V}_f^\star, \overline{V}_f^\star]$ comme suit :

$$\begin{cases} \underline{V}_f^\star &= v_f^\star(1-e) \\ \overline{V}_f^\star &= v_f^\star(1+e) \end{cases}$$

L'intervalle $[\underline{V}_f^\star, \overline{V}_f^\star]$ délimite les valeurs que peut possiblement prendre la vitesse du vol f en fonction de la réalisation de l'incertitude. Nous proposons de remplacer l'intervalle $[\underline{R}, \overline{R}]$ par l'intervalle $[\underline{R}^\star, \overline{R}^\star]$ dans le test 2, avec :

$$\underline{R}^\star = \frac{\underline{V}_f^\star}{\overline{V}_{f'}^\star} \quad \text{et} \quad \overline{R}^\star = \frac{\overline{V}_f^\star}{\underline{V}_{f'}^\star}$$

Le test ainsi obtenu permet d'évaluer la robustesse des décisions prises lors de l'optimisation. Si pour un conflit potentiel donné le test renvoi **vrai**, nous pouvons garantir que les vitesses obtenues permettent de résoudre ce conflit potentiel quelle que soit l'incertitude. Il est possible de décliner un test similaire pour les conflits potentiels en poursuite. Les modèles maximisant le nombre de conflits résolus et les tests de robustesse permettent de construire l'ensemble des **CR** et nous souhaitons figer le statut de ces conflits jusqu'à la résolution. Pour traiter les conflits potentiels subsiduels (les **CI** et **CN**) nous proposons de considérer une approche de type *Goal Programming*. Pour chaque temps de passage intervenant dans un **CR**, nous fixons cette variable de décision à l'optimum (obtenu après la maximisation du nombre de conflits résolus) et minimisons la charge de conflit restante. L'algorithme ainsi obtenu peut se résumer en trois étapes.

1. Maximisation du nombre total de conflits résolus.

2. Catégorisation des conflits potentiels à l'aide des tests de robustesse : les variables de décision des **CR** sont fixées à l'optimum.

3. Minimisation de la charge de conflit restants (**CI** et **CN**).

L'objectif de cette approche est résoudre de façon robuste un maximum de conflits potentiels et de minimiser la durée des conflits ne pouvant être résolus. Dans le modèle développé dans cette thèse, un conflit potentiel peut toutefois être détecté résolu plusieurs fois avant d'être résolu. Pour tenir compte des décisions prises sur l'ensemble des **CR**, il nous faut donc, chaque fois qu'un conflit **CR** est détecté, inclure une contrainte sur la vitesse des vols concernés. Formellement, soit (f, f', i) un conflit potentiel en croisement détecté à l'itération n du modèle, tel que $\eta_{ff'}^i = 1$ et que le test décrit ci-dessus renvoi **vrai**. Soient $t_f^{i,\star}$ et $t_{f'}^{i,\star}$ les valeurs optimales des temps de passage des vols f et f' au point i. Sans perte de généralité, supposons que $t_f^{i-} = t_{f'}^{i-} = T$ et soient respectivement $D_{f,n}^i$ et $D_{f',n}^i$ les distances des vols f et f' au point i à l'itération n.

$$t_f^{i,\star} = \frac{D_{f,n}^i}{v_f^\star} \quad \text{et} \quad t_{f'}^{i,\star} = \frac{D_{f',n}^i}{v_{f'}^\star} \tag{5.3}$$

Si le conflit potentiel (f, f', i) est à nouveau détecté à l'itération $n + 1$, nous souhaitons garantir qu'il conserve le statut **CR**. Pour cela, nous proposons d'établir une contrainte sur chaque variable de décision intervenant dans un **CR**. Cependant, en raison de la présence de l'incertitude sur les vitesses des vols, il nous faut à chaque itération du modèle tenir compte des perturbations potentiellement induite par le modèle d'incertitude. Ainsi, il convient d'utiliser des contraintes dynamiques, c'est-à-dire évoluant avec l'horizon de prévision utilisé lors de la détection des conflits potentiels. Rappelons que le pas de la boucle à horizon glissant est p_{opt}, entre deux itérations successives du modèle, nous pouvons déterminer des bornes sur les temps de passage réalisables en fonction de la réalisation de l'incertitude $\underline{T}_{f,n+1}^{i,\star}$ et $\overline{T}_{f,n+1}^{i,\star}$:

$$\underline{T}_{f,n+1}^{i,\star} = \frac{D_{f,n+1}^i}{v_f^\star(1+e)} + p_{opt} \quad \text{et} \quad \overline{T}_{f,n+1}^{i,\star} = \frac{D_{f,n+1}^i}{v_f^\star(1-e)} + p_{opt} \tag{5.4}$$

$\underline{T}_f^{i,\star}$ et $\overline{T}_f^{i,\star}$ représentent les variations minimale et maximale de la décision prise sur le temps de passage t_f^i entre deux itérations successives du modèle. Les contraintes dynamiques à imposer dépendent alors de l'ordre de passage des vols au point de conflit. Supposons que f passe avant f', soit $t_f^{i,\star} < t_{f'}^{i,\star}$, les contraintes dynamiques à inclure si le conflit (f, f', i) est à nouveau détecté à l'itération $n + 1$ sont :

$$\forall (f, f', i) \in \boldsymbol{CR}: \quad t_f^{i,\star} \leq \overline{T}_{f,n+1}^{i,\star} \tag{5.5}$$

$$t_{f'}^{i,\star} \geq \underline{T}_{f',n+1}^{i,\star} \tag{5.6}$$

Cette démarche permet d'adopter une nouvelle métrique pour mesurer la sévérité des conflits potentiels. En effet, bien que les résultats obtenus avec la métrique utilisée dans cette thèse soient concluants, cette métrique nous permet de réduire la durée des conflits potentiels mais ne garantit pas l'élimination de ces conflits, ni la robustesse des décisions prises vis-à-vis de l'incertitude en prévision de trajectoire. La catégorisation des conflits potentiels permet de proposer de nouvelles politiques de régulation du trafic, modulables au gré de l'utilisateur final, c'est-à-dire des contrôleurs aériens. Par exemple, il peut être jugé préférable de ne traiter que les **CR**, ainsi les vols impliqués dans un **CI** ou **CN** peuvent être écartés de l'optimisation et laissés aux contrôleurs aériens. Ce type de régulation du trafic permet de réduire le nombre de consignes RTA envoyées aux vols, car seuls certains vols seront régulés. Les **CI** peuvent également être considéré pour l'optimisation. En effet, l'ensemble des **CI** est constitué de paires de vols en conflit pouvant être résolus ou non selon la réalisation de l'incertitude ; il existe donc une probabilité non-nulle que ces conflits changent de statut si la réalisation de l'incertitude est favorable à la résolution du conflit. Les conflits **CN** en revanche, sont irrésolubles par la régulation de vitesse subliminale et plusieurs politiques peuvent être envisagées pour traiter cette catégorie de conflits. Par exemple, la relaxation de la contrainte subliminale peut potentiellement permettre d'éradiquer l'ensemble des **CN**. Il peut aussi être préférable de signaler immédiatement ces conflits aux contrôleurs qui seront alors en mesure de les traiter à leur convenance. L'implémentation de cette approche sur des instances de trafic réelles et sa comparaison - en termes de performances - avec le modèle développé dans cette thèse sont nécessaires pour valider la méthodologie développée. Cependant, au regard des résultats présentés dans ce chapitre, cette piste de recherche semble prometteuse et ouvre la voie à de nombreuses politiques de régulation du trafic.

Enfin, soulignons qu'au regard des résultats obtenus et des différents travaux publiés sur le sujet, notre modèle semble adapté pour réduire la durée totale des conflits tout en limitant les surconsommations de carburant. Cette hypothèse requiert toutefois un jeu de données considérable pour être validée : en effet, pour implémenter efficacement ce type de régulation il convient de connaître précisément l'évolution de la consommation de carburant en fonction de la vitesse et du type d'appareil considéré (ces données ne sont pas disponibles dans le modèle de performance BADA). Notre modèle de régulation de vitesse pourrait également être appliqué sur un problème voisin rencontré dans le cadre de la gestion de trafic aérien : la régulation de la congestion au voisinage des aéroports. Actuellement lorsque de nombreux vols s'agglomèrent à l'approche d'un aéroport, il est fréquent que certains soient vols mis en attente avant d'avoir l'autorisation d'atterrir. Ces situations peuvent surgir si une perturbation du trafic - une piste d'atterrissage fermée - apparaît ou tout simplement en présence d'un trafic dense cumulant progressivement du retard. Notre modèle pourrait alors être utilisé pour réguler les vols en amont d'une zone congestionnée. Une telle politique de régulation permettrait de réduire la consommation de carburant des aéronefs à un moindre coût tout en contrôlant le retard induit aux vols. Dans un tel scénario le retard des vols ne serait pas nécessairement supprimé, mais il pourrait très probablement être borné de façon à ne pas excéder le retard qu'un vol non-régulé subirait quoiqu'il en soit à l'approche de la zone congestionnée. Une collaboration avec l'université polytechnique de Catalogne et des membres de la FAA est actuellement en cours pour parvenir à regrouper toutes les données nécessaires et adapter notre modèle à ce problème. En conclusion, le modèle développé dans cette thèse fournit un moyen flexible et efficace pour lisser la charge de travail des contrôleurs aériens et augmenter la capacité de l'espace aérien.

Bibliographie

[1] Eurocontrol. Performance review report. Technical report, EUROCONTROL, 2011.

[2] US Department of Transportation. Federal aviation administration aerospace forecast. Technical report, Federal Aviation Administration, 2012.

[3] SESAR. European air traffic management master plan. Technical report, European Comission and EUROCONTROL, 2009.

[4] Federal Aviation Administration. FAA's NextGen Implementation Plan. Technical report, FAA, 2011.

[5] M. Nolan. *Fundamentals of Air Traffic Control*. Cengage Learning, 2010.

[6] D. Harris and H.C. Muir. *Contemporary Issues In Human Factors And Aviation Safety*. Ashgate, 2005.

[7] Eurocontrol. ERASMUS baseline scenario - First dynamic assessment of the ERASMUS concept. Technical report, Eurocontrol Experimental Centre, 2008.

[8] Arnab Nilim, Laurent El Ghaoui, Mark Hansen, and Vu Duong. Trajectory-bases air traffic management under weather uncertainty. In 4th *USA/Europe Air Traffic Management Research and Development Seminar, Santa Fe, USA*, 2004.

[9] Gérand Granger. *Détection et résolution de conflits aériens : modélisations et analyse*. PhD thesis, Laboratoire d'Optimisation Globale, Toulouse, France, 2002.

[10] Yuichi Kuroda and Yoshikatsu Mizuna. Aircraft position monitoring system. United States Patent, Patent Number 5,381,140, 1995.

[11] Nicolas Archambault. Speed uncertainty and speed regulation in conflict detection and resolution in air traffic control. In 1st *Interna-*

tional Conference on Research in Air Transportation, ICRAT, Zilina, Slovenska, 2004.

[12] Georges Maignan. *Le Contrôle de la Circulation Aérienne*. Presses Universitaires de France, 1991.

[13] ICAO. Rules of the air and air traffic services. Technical report, International Civil Aviation Organization, 1996.

[14] Rémy Fondacci, Bastian Fontaine, and Olivier Richard. Régulation court-terme du trafic aérien. Technical report, Convention EUROCONTROL - INRETS, 2005.

[15] Daniel Delahaye, Stéphane Puechmorel, John Hansman, and Jonathan Histon. Air traffic complexity based on non linear dynamical systems. In 5th *USA/Europe Air Traffic Management Research and Development Seminar, Budapest, Hungary*, 2003.

[16] Philippe Averty, Kévin Guittet, and Pascal Lezaud. Perception du risque de conflit chez les contrôleurs aériens : le projet creed. Technical report, Revue technique de la DTI, 2006.

[17] Jacques Villiers. Automatisation du contrôle de la circulation aérienne - projet "ERASMUS" une voie originale pour mieux utiliser l'espace aérien. Technical report, Institut de Transport Aérien, 2004.

[18] Fabrice Drogoul, Philippe Averty, and Rosa Weber. Erasmus strategic deconfliction to benefit sesar. In 8th *USA/Europe Air Traffic Management Research and Development Seminar, Napa, USA*, 2009.

[19] Dimitris Bertsimas and Sarah Stock Patterson. The air traffic flow management problem with enroute capacities. *Operations Research, vol. 46, No 3*, 1998.

[20] Nicolas Barnier, Pascal Brisset, and Thomas Riviere. Slot allocation with constraint programming : Models and results. In 4th *USA/Europe Air Traffic Management Research and Development Seminar, Santa Fe, USA*, 2001.

[21] Hanif D. Sherali, Raymond W. Staats, and Antonio A. Trani. An airspace planning and collaborative decision-making model : Part i probabilistic conflicts, workload, and equity considerations. *Transportation Science, vol.37, No 4, pp. 434-456*, 2003.

[22] Thomas Rivière and Pascal Brisset. Plus courts chemins dans un graphe planaire et création d'un réseau de routes aériennes. In *Journées Francophones de Programmation par Contraintes*, 2005.

[23] Charles-Edmond Bichot. Metaheuristics versus spectral and multilevel methods applied on an air traffic control problem. International Federation of Automatic Control, 2006.

[24] Damien Prot, Christophe Rapine, Sophie Constans, and Rémy Fondacci. Using graph concepts to assess the feasibility of a sequenced air traffic flow with low conflict rate. *European Journal of Operational Research*, 2010.

[25] Géraud Granger, Nicolas Durand, and Jean-Marc Alliot. Optimal resolution of en-route conflicts. In 1st *USA/Europe Air Traffic Management Research and Development Seminar, Saclay, France*, 1997.

[26] Claire Tomlin, George J. Pappas, and Shankar Sastry. Conflict resolution for air traffic management : a study in multiagent hybrid systems. *IEEE Transactions on Automatic Control, vol. 43, No 4*, 1998.

[27] Rémy Fondacci, Olivier Goldschmidt, and Vincent Letrouit. Combinatorial issues in air traffic optimization. *Transportation Science, Vol.32, No3*, 1998.

[28] Kald Bilimoria. A geometric optimization approach to aircraft conflict resolution. In *AIAA Guidance, Navigation and Control Conference, Denver, USA*, 2000.

[29] Gilles Dowek and César Muñoz. Conflict detection and resolution for 1,2,...n aircraft. In 7th *AIAA Aviation Technology, Integration and Operations Conference, Belfast, Northern Ireland*, 2007.

[30] Giannis P. Roussos, Giorgos Chaloulos, Kostas J. Kyriakopoulos, and John Lygeros. Control of multiple non-holonomic air vehicles under wind uncertainty using model predictive control and decentralized navigation functions. In *IEEE Conference on Decision and Control*, 2008.

[31] Nour Dougui, Daniel Delahaye, Stéphane Puechmorel, and Marcel Mongeau. A new method for generating optimal conflict free 4d trajectory. In 4th *International Conference on Research in Air Transportation, ICRAT, Budapest, Hungary*, 2010.

[32] Richard Irvine. The gears conflict resolution algorithm. In *AIAA Guidance, Navigation and Control Conference, Boston*, 1998.

[33] Richard Irvine. Comparison of pair-wise priority-based resolution schemes through fast-time simulation. In 8th *Innovative Research Workshop & Exhibition, EEC*, 2009.

[34] James K. Kuchar and Lee C. Yang. A review of conflict detection and resolution modeling method. Technical report, Massachusetts Institute of Technology, USA, 2000.

[35] Moshe F. Friedman. Decision analysis and optimality in air traffic control conflict resolution. optimal timing of speed control in a linear planar configuration. *Transportation Research Part B*, 1988.

[36] Lucia Pallottino, Eric Feron, and Antonio Bicchi. Conflict resolution problems for air traffic management systems solved with mixed integer programming. *IEEE Transactions on Intelligent Transportation Systems*, 2002.

[37] Nicolas Archambault. Potentiality of computer-assisted speed regulations. Laboratoire d'Optimisation Globale, Toulouse, France, 2005.

[38] Rudiger Ehrmanntraut and Frank Jelinek. Performance parameters of speed control. In 24th *Digital Avionics System Conference, Washington D.C., USA*, 2005.

[39] Sophie Constans, Bastian Fontaine, and Rémy Fondacci. Minimizing potentials conflicts with speed control. In 2nd *International Conference on Research in Air Transportation, ICRAT, Belgrade, Serbia and Montenegro*, 2006.

[40] Ramzi Haddad, Jacques Carlier, and Aziz Moukrim. A new combinatorial approach for coordinating aerial conflicts given uncertainties regarding aircraft speeds. *International Journal of Production Economics*, 2007.

[41] Adan Vela, Senay Solak, William Singhose, and John-Paul Clarke. A mixed integer program for flight level assignement and speed control for conflitct resolution. In *Joint 48th IEEE Conference on Decision and Control and 28th Chinese Control conference, Shanghai, China*, 2009.

[42] Adan Vela, Erwan Salaün, Senay Solak, Eric Feron, William Singhose, and John-Paul Clarke. A two-stage stochastic optimization model for air traffic conflict resolution under wind uncertainty. In 28th *Digital Avionics System Conference, Orlando, USA*, 2009.

[43] Luis Delgado and Xavier Prats. Fuel consumption assessment for speed variation concepts during the cruise phase. In *Proceedings of the Conference on Air Traffic Management (ATM) Economics*, Belgrade (Serbia), 2009. German Aviation Research Society and University of Belgrade - Faculty of Transport and Traffic Engineering.

[44] John Hansman. Impact of nextgen integration on improving efficiency and safety of operations. In 91st *Annual Meeting of the Transportation Research Board, Washington D.C, USA*, 2012.

[45] Sonia Cafieri, Pascal Brisset, and Nicolas Durand. Optimal resolution of en-route conflicts. In *Toulouse Global Optimization workshop, Toulouse, France*, 2010.

[46] Georgios Chaloulos, Eva Cruck, and John Lygeros. A simulation based study of subliminal control for air traffic management. *Transportation Research Part C*, 2010.

[47] John-Paul Clarke, Nhut Ho, Liling Ren, John A. Brown, Kevin R. Elmer, Kwok-On Tong, and Joseph K. Wat. Continuous descent approach : Design and flight test for louisville internationnal airport. *Journal of Aircraft, vol.41, No. 5*, 2004.

[48] Dave Knorr, Xing Chen, Marc Rose, John Gulding, Philippe Enaud, and Holger Hegendoerfer. Estimating atm efficiency pools in the descent phase of flight : Potentiel saving in both time and fuel. In 9th *USA/Europe Air Traffic Management Research and Development Seminar, Berlin, Germany*, 2011.

[49] Eurocontrol. User manual for the base of aircraft data. Technical report, Eurocontrol Experimental Center, 2004.

[50] G. Chaloulos and J. Lygeros. Wind Uncertainty Correlation and Aircraft Conflict Detection based on RUC-1 Forecasts. In *AIAA Guidance, Navigation and Control Conference and Exhibit*, 2007.

[51] Dan Ivanescu, André Marayat, and Chris Shaw. Effect of aircraft time keeping ability on arrival traffic control performance - probabilistic modelling - 4d trajectory management validation - modelling 2008. Technical report, Eurocontrol, 2009.

[52] Philippe Pellerin. Initial 4d "on time !". In *SESAR JU*, 2012.

[53] N. L. Fulton. Airspace design : towards a rigorous specification of conflict complexity based on computational geomotry. *Aeronautical Journal*, 1999.

[54] Sylvie Athènes, Philippe Averty, Stéphane Puechmorel, Daniel Delahaye, and Christian Collet. Atc complexity and controller workload : Trying to bridge the gap. In *Human Computer Interaction in Aeronautics Conference, AAAI*, 2002.

[55] Scott M. Galster, Jacqueline A. Duley, Anthony J. Masalonis, and Raja Parasuraman. Air traffic controller performance and workload under mature free flight : Conflict detection and resolution of aircraft self-separation. *The International Journal of Aviation Psychology*, 1999.

[56] Arnab Majumbar and Washington Y. Ochieng. Factors affecting air traffic controller workload. *Transportation Research Record*, 2002.

[57] Philippe Averty. Elements for prioritizing between conflicts resolutions in air traffic control. In 27th *Digital Avionics System Conference, St Paul, USA*, 2008.

[58] Daniel Delahaye and Stéphane Puechmorel. Air traffic complexity : Towards intrinsic metrics. In 3rd *USA/Europe Air Traffic Management Research and Development Seminar, Napoli, Italia*, 2003.

[59] N. Durand, J-M. Alliot, and J. Noailles. Automatic aircraft conflict resolution using genetic algorithms. In *Proceedings of the Symposium on Applied Computing, Philadelphia, USA*, 1996.

[60] Nicolas Durand and Jean-Marc Alliot. Ant colony optimization for air traffic conflict resolution. In 8th *USA/Europe Air Traffic Management Research and Development Seminar, Napa, USA*, 2009.

[61] Jérémy Omer and Jean-Loup Farges. Automating air traffic control through nonlinear programming. In 5th *International Conference on Research in Air Transportation, ICRAT, Berkeley, USA*, 2012.

[62] Charlie Vanaret, David Gianazza, Nicolas Durand, and Jean-Baptiste Gotteland. Benchmarking conflict resolution algorithms. In 5th *International Conference on Research in Air Transportation, ICRAT, Berkeley, USA*, 2012.

[63] A. Wätcher and L.T. Biegler. On the implementation of primal-dual interior point filter line search algorithm for large-scale nonlinear programming. *Mathematical Programming*, pages 106(1) :25–27, 2006.

[64] R. Fourer, D.M. Gay, and B.W. Kernighan. *AMPL : a modeling language for mathematical programming*. Thomson/Brooks/Cole, 2003.

[65] Dimitri Bertsekas. *Convex Analysis and Optimization*. Athena Scientific, 2003.

[66] Direction des journaux officiels. *Règles de l'air et services de la circulation aérienne*, 2006.

[67] Haomiao Huang and Claire J. Tomlin. A network-based approach to en-route sector aircraft trajectory planning. In *AAIA Guidance, Navigation and Control Conference*, 2009.

[68] Philippe Averty. Conflict perception by atcs admits doubt but not inconsistency. In 6th *USA/Europe Air Traffic Management Research and Development Seminar, Baltimore, USA*, 2005.

[69] H. Erzberger, R. A. Paielli, D. R. Isaacson, and M. M. Eshowl. Conflict detection and resolution in the presence of prediction error. In 1st *USA/Europe Air Traffic Management Research and Development Seminar, Saclay, France*, 1997.

[70] Y.J. Chiang, J.T. Klosowski, C. Lee, and J.S.B. Mitchell. Geometric algorithms for conflict detection/resolution in air traffic management. In *Proceedings of the 36th IEEE Conference on Decision and Control*, 1997.

[71] J. Krozel, M.E. Peters, , and G. Hunter. Conflict detection and resolution for future air transportation management. Technical report, NASA Ames Research Center, 1997.

[72] R.A. Paielli and H. Erzberger. Conflict probability estimation for free flight. Technical report, NASA Ames Research Center, 1996.

[73] Dimos V. Dimarogonas and Kostas J. Kyriakopoulos. Inventory of decentralized conflict detection and resolution systems in air traffic. Technical report, HYBRIDGE, Work Package WP6, 2003.

[74] M. Prandini, J. Hu, J. Lygeros, and S. Sastry. A probabilistic approach to aircraft conflict detection. *IEEE Transactions on Intelligent Transportation Systems*, 2000.

[75] Patrick Lelievre. 4d-trajectory management. In *Aerodays*, 2011.

[76] N. Archambault, Géraud Granger, and Nicolas Durand. Heuristiques d'ordonnancement pour une résolution embarquée de conflits aériens par une méthode séquentielle. In *International Conference RIVF'04, Hanoi, Vietnam*, 2004.

[77] Leo Liberti, Sonia Cafieri, and Fabien Tarissan. Reformulations in mathematical programming : A computational approach. In Springer, editor, *Foundations of Computational Intelligence Volume 3 - Global Optimization*. 2009.

[78] Géraud Granger Jean-Marc Alliot, Nicolas Durand. A statistical analysis of the influence of vertical and ground speed errors on conflict probe. In 4th *USA/Europe Air Traffic Management Research and Development Seminar, Santa Fe, USA*, 2001.

[79] Anthony Warren. Trajectory prediction concepts for next generation air traffic management. In 3th *USA/Europe Air Traffic Management Research and Development Seminar, Napoli, Italia*, 2000.

[80] Eric Mueller. Experimental evaluation of an integrated datalink and automation-based strategic trajectory concept. In *AIAA Aviation Technology, Integration and Operations Conference, Belfast, Northen Ireland*, 2007.

[81] Sophie Constans, Nour-Eddin El Faouzi, Olivier Goldschmidt, and Rémy Fondacci. Optimal flight level assignment : Introducing uncertainty. In *ERC Innovative Workshop*, 2004.

[82] J. Lygeros and M. Prandini. Aircraft and weather models for probabilistic collision avoidance in air traffic control. In *IEEE Conference on Decision and Control*, pages 2427–2432, Las Vegas, Nevada, USA, 2002.

[83] Jianghai Hu, M. Prandini, and S. Sastry. Aicraft conflict prediction in the presence of a spatially correlated wind field. *IEEE Transactions on Intelligent Transportation Systems*, 2005.

[84] Giorgos Chaloulos and John Lygeros. Effect of wind correlation on aircraft conflict probability. *AIAA Journal of Guidance, Control, and Dynamics*, 30(6) :1742–1752, November 2007.

[85] Thomas Prevot, Jeffrey Homola, and Joey Mercer. Human-in-the-loop evaluation of ground-based automated separation assurance for nextgen. In *The 26th Congress of International Council of the Aeronautical Sciences, Anchorage, Alaska,USA*, 2008.

[86] Angela Nuic, Damir Poles, and Vincent Mouillet. Bada : An advanced aircraft performance model for present and future atm systems. *International Journal of Adaptive Control and Signal Processing*, 2010.

[87] J. Richalet. *Pratique de la commande prédictive*. Traité des nouvelles technologies. Série Automatique. Hermès, 1993.

[88] T.J. Santner, B.J. Williams, and W. Notz. *The design and analysis of computer experiments*. Springer series in statistics. Springer, 2003.

[89] A. Ben-Tal, L.E. Ghaoui, and A. Nemirovski. *Robust Optimization*. Princeton Series in Applied Mathematics. Princeton University Press, 2009.

www.ingramcontent.com/pod-product-compliance
Lightning Source LLC
Chambersburg PA
CBHW021051210326
41598CB00016B/1170